한계상태설계법
토목구조실무
Q&A

저자 정 준

토목구조기술사
(현)혜동브릿지 기술연구소장

도서
출판 **반석기술**

머리말

　기술사 시험이라는 것이 정말 광범위한 내용들을 다루고 새로운 기술자료들이 쉼 없이 쏟아져 나오는 가운데 근간에 있었던 한계상태설계법으로의 설계기준 변경은 시험을 준비하는 기술자들에게는 여간 골치 거리가 아닐 수 없다. 실무에서도 아직 익숙하지가 않아 우왕좌왕 하는 가운데 시험문제는 또 어떻게 준비해야 하나 고민이 될 것이다. 저자는 다행이도 한계상태설계법 관련 예제집을 집필하는 과업에 2년 동안 참여 하면서 새로운 기준을 많은 시간 접하는 기회를 가질 수 있었으며, 2016년 기술사 시험에도 관련문제에 대해 자세히 기술함으로써 합격할 수 있었던 것 같다. 시험 합격 후 그 동안 기술사시험을 준비하면서 만들어 두었던 수험자료들을 어떻게 정리할까 고심하던 끝에 가장 시급하고 수험생들에게 필요한 부분이 바로 한계상태설계법으로 된 예제집이라 판단되어 집필을 하게 되었다. 그간 출간되었던 수험서적들은 허용응력설계법 내지 강도설계법으로 설계 예제들이 풀이되어 있어 구조역학 문제나, 이론문제에는 도움이 되나 시험문제의 많은 부분을 차지하고 있는 설계문제에 있어서는 새로운 수험서가 필요할 것으로 판단된다. 2012년 한계상태설계법의 도입 이후 간간히 출제 되었던 한계상태설계법 관련 문제들의 풀이를 수록하였으며, 10여 년간 출제 되었던 기출문제들에 대해서 유형별로 분류하여 한계상태설계법으로 풀어 부족한 예제들을 보충하였다. 또 앞으로 나 올 수 있는 한계상태설계법에 대한 주요한 이론적 배경과 세부 설계기준들에 대해서도 예상문제로 만들어 수록하였다. 아무쪼록 본 책이 기술사 시험을 준비하는 기술자들에게 많은 도움이 되기 바라며, 꼭 시험을 보지 않더라고 실무자들의 한계상태설계법 공부에도 도움이 되리라 믿는다.

감사의 글

먼저 부족한 원고를 채워지도록 독려해주시고 책으로 만들어질 수 있도록 도와주신 황희재 대표님께 감사드린다. 또한, 국내 한계상태설계법이 정착되도록 "한계상태설계법적용 비교설계예제집작성 연구과제"를 함께 수행하며 고민하고 조언해 주셨던 한국도로교통연구원 길홍배 박사님, 정경자 박사님, 박상규 박사님과 서영엔지니어링의 이지훈 팀장님을 비롯한 동료 임직원 분들께도 감사드리고, 실무에 적용함에 있어 방향을 결정하기 위해 함께 머리를 맞대었던 서부내륙민자고속도로 설계합동사무실의 모든 분들께 감사의 말을 전한다.

무엇보다도 제 이름으로 된 첫 책이 나올 수 있도록 해주신 주님께 감사드립니다.

"사람이 마음으로 자기 길을 계획할 지라도 그의 길을 인도하시는
이는 하나님이시니"

〈잠언 16:9〉

2017년 5월

정 준

목차

PART 01 공통편   11

1.1 한계상태설계법의 이론적 배경   13
1.1.1 설계기준의 적용방법   13
1.1.2 한계상태설계법의 정의   14
1.1.3 하중수정계수   15
1.1.4 파괴확률과 신뢰성지수   18

1.2 하중 및 하중조합   21
1.2.1 하중조합 및 활하중   21
1.2.2 풍하중   25
1.2.3 온도하중   26
1.2.4 원심하중   28
1.2.5 배면활하중   29

1.3 교량 부대공 설계   31
1.3.1 교량 받침설계   31
1.3.3 신축이음의 설계   36

PART 02　강구조　43

2.1 비틀림을 받는 부재의 설계　45
2.2 축력을 받는 부재의 설계　46
2.2.1　비합성 부재의 설계　46
2.2.2　합성 부재의 설계　51

2.3 교량용 거더의 설계　65
2.3.1　강교의 설계절차　65
2.3.2　유효폭 산정　68
2.3.3　횡비틀림 좌굴과 국부좌굴을 고려한 압축플랜지 강도 산정　70
2.3.4　소성모멘트　74
2.3.5　합성단면의 설계　76
2.3.6　하이브리드 단면의 설계　81
2.3.7　인장력장과 후좌굴 강도　83
2.3.8　전단설계　87
2.3.9　뒴비틀림설계　93
2.3.10 피로설계　96
2.3.11 보강재설계　100

2.4 이음　106
2.4.1　용접이음　106
2.4.2　볼트이음　107

PART 03   콘크리트구조   119

3.1 일반사항   121
- 3.1.1 인장강도 산정방법   121
- 3.1.2 보와 슬래브의 구속조건에 따른 유효경간   122
- 3.1.3 모멘트 재분배   124

3.2 휨부재의 설계   126
- 3.2.1 극한한계상태설계   126
- 3.2.2 사용한계상태설계-균열검토   134
- 3.2.3 사용한계상태설계-처짐검토   140
- 3.2.4 사용한계상태설계-피로검토   143

3.3 전단설계   145
- 3.3.1 경사압축장   145
- 3.3.2 T형보의 전단설계   146

3.4 비틀림 부재의 설계   149

3.5 기둥 부재의 설계   152

3.6 스트럿 타이 설계   157
- 3.6.1 라멘 우각부 스트럿 타이 설계   157

3.7 내구성설계   161

3.8 철근상세   165

    3.8.1 온도철근   165

    3.8.2 표피철근   166

    3.8.3 철근의 정착과 이음   167

3.9 PSC 구조의 설계   175

    3.9.1 PSC 거더의 설계   175

    3.9.2 정착구 설계   184

PART 04   기 초   187

4.1 직접기초   189

4.2 말뚝기초   192

부 록   195

1. 도로교설계기준 한계상태설계법 발주자결정 항목   197

2. 아치형의 강박스 내부에 콘크리트를 타설하여 합성시킨 구조
 (Steel Box Girder with Arch Concrete)의 설계   210

공통편

01

한계상태설계법의 이론적 배경 · 1.1

하중 및 하중조합 · 1.2

교량 부대공 설계 · 1.3

1.1 한계상태설계법의 이론적 배경

1.1.1 설계기준의 적용방법

도로교설계기준 한계상태설계법은 미국의 AASHTO LRFD를 근간으로 콘크리트편은 Euro Code2를 참고하여 집필되었다. 2012년 처음으로 발간된 도로교설계기준 한계상태설계법 2012는 처음으로 Matrix 단위계로 발간된 AASHTO LRFD 2004를 참고하였으며, 콘트리트편은 Euro Code 2002(Interim edition)을 참고하였다. 2012년 법 제정 이후 3년간의 유예기간을 두었고, 2015년부터 본격적으로 적용하기로 하였으나 기존 기준의 본문 오류 등을 수정하여 2015년 12월 도로교설계기준 한계상태설계법 해설판이 발간되었으며, 2016년 6월에 도로교설계기준 한계상태설계법 수정판도 발간되었다. 그 사이 하중저항계수설계법을 적용한 강구조설계기준 2014가 발간되었으며, 이는 AASHTO LRFD 2007을 참고로 작성되어 도로교설계기준 강교편과는 내용이 상이하다. AASHTO LRFD 2004 강교편은 직선교만을 대상을 하였으나, AASHTO LRFD 2007은 곡선교로 적용성을 확장하였고, 강도 산정식들도 많은 차이가 있다. 이러한 이유로 2016년 6월에 제정된 통합설계기준인 KDS 교량편에서는 도로교설계기준 한계상태설계법의 일반사항과 콘크리트편만 남겨두고, 강교편은 AASHTO LRFD 2007를 참고하여 집필된 하중저항계수설계법에 의한 강구조설계기준 2014의 내용을 담고 있는 재료별 기준을 참조토록 하였다. 그간 강구조설계기준 2016도 발간되었으며 내용은 2014와 크게 다르지 않다. KDS는 도로교설계기준과 그 외 재료별 기준서들의 개정 시기가 다름으로 인해 설계기준서들이 불일치하게 되는 공백 기간이 없도록 하기 위해 재료별 기준과 관계없는 하중 및 하중조합, 해석방법 등 일반사항 등을 제외하고는 각 재료별 기준서를 따르도록 하였다. 하지만 한계상태설계법을 적용한 콘크리트 설계기준은 아직 발간계획이 없는 관계로 도로교설계기준 2016을 참고하여 한다.

아직까지도 한계상태설계기준은 자체적인 오류와 국내적용 방법에 있어 여러 설계자들과 발주처들 사이에 이견이 있는 상황으로 기준에 끌려가기 보다는 모두 의견을 모아 수정하고 보완하여, 합리적인 기준을 정립해 나가야 할 것으로 판단된다.

1.1.2 한계상태설계법의 정의

> 한계상태설계법(LRFD)에 대해 설명하시오.
> (84회 1-2, 92회 1-5, 93회 2-2, 100회 1-6)

1) 정의

구조물에 발생 가능한 여러 가지 한계상태에 대해 작용하중에 의한 부재력이 각각의 한계내력을 초과하지 않도록 설계하는 것이다. 재료의 응력-변형률 곡선에 근거해 한계내력을 계산하고 강도감소계수를 적용하는 것은 콘크리트의 극한강도 설계법이나 강재의 소성설계법과 유사하지만, 안전모수를 적용해 구조물의 중요도, 여용력 등을 반영하고 한 설계체계 내에서 극한내력과 사용성을 모두 평가 할 수 있는 특징이 있다.

2) 특징

① 재료에 무관하게 적용할 수 있다.
② 사용한계, 피로한계, 극한한계 등 다양한 한계상태를 한 기준 안에서 검토할 수 있다.
③ 신뢰성 이론에 기반한 하중계수 및 보정계수 적용으로 하중의 특성, 구조물의 중요도 등을 반영하여 합리적 설계가 가능하다.
④ 구조물의 거동특성을 명확히 파악할 수 있다.

3) 안전확보방법

$$\Sigma \eta_i \gamma_i Q \leq \phi R_n$$

γ : 하중계수, ϕ : 저항계수(강도감소계수), Q : 작용하중, R_n : 공칭강도
η : 보정계수

하중계수최대일 경우 $\eta_i = \eta_D \eta_R \eta_I \geq 0.95$

하중계수최소일 경우 $\eta_i = 1/\eta_D \eta_R \eta_I \leq 1.0$

4) 한계상태

① 사용한계상태 : 부재의 손상으로 붕괴에 이르지는 않으나 처짐, 균열 등 사용성에 지장을 주는 상태로 발생확률을 비교적 높게 허용할 수 있다.

② 극한한계상태 : 부재의 파괴로 구조물이 붕괴에 이르거나 구조물로서 기능을 유지할 수 없는 상태로 발생확률이 아주 작게 설계 되어야 한다.

③ 피로한계상태 : 반복적 하중에 의하며 강재가 파단 되거나 콘크리트가 압괴되는 상태

④ 극단상황한계상태 : 지진이나, 충돌 등 사고로 인한 큰 하중이 발생하는 상태

1.1.3 하중수정계수

> 한계상태설계에서의 하중수정계수(η)에 대하여 설명하시오. (109회 1-9)

1) 개요

하중수정계수(η_i)는 연성, 여용성, 구조물의 중요도에 관련된 계수이다.

$$\Sigma \eta_i \gamma_i Q_i \leq R_r = \phi R_n$$

여기서, 최대하중계수가 적용되는 하중의 경우 $\eta_i = \eta_D \eta_R \eta_I \geq 0.95$, 최소하중계수가 적용되는 하중의 경우 $\eta_i = \dfrac{1}{\eta_D \eta_R \eta_I} \leq 1.0$ 이다.

η_D, η_R, η_I 계수는 각각 연성, 여용성, 구조물 중요도에 관련된 계수로서 설계초기단계에서 매우 주요한 요소로서 발주자가 제공해야 한다. 특히, 하중수정계수는 구조물의 부재요소별로 계수의 값이 다를 수 있으므로 주의가 요구된다. 다음은 각 계수별 상세설명이다.

2) 연성도계수(η_D)

교량구조계는 극한한계상태 및 극단상황한계상태에서 파괴 이전에 현저하게 육안으로 관찰될 정도의 비탄성 변형이 발생할 수 있도록 형상화 및 상세화 되어야 한다.

콘크리트 구조의 경우 연결부의 저항이 인접구성요소의 비탄성 거동에 의해 발생하는 최대 하중효과의 1.3배 이상이면 연성요구조건을 만족하는 것으로 간주할 수 있다. 에너지 소산장치는 연성을 제공하는 방법으로 인정될 수 있다.

- 극한한계상태에 대해서는 :

  $\eta_D \geq 1.05$ 비연성 구성요소 및 연결부

  $ = 1.00$ 이 설계기준에 부합하는 통상적인 설계 및 상세

  $ \geq 0.95$ 이 설계기준이 요구하는 것 이외의 추가 연성보강장치가 규정되어 있는 구성요소 및 연결부

- 기타 한계상태의 경우 :

  $\eta_D = 1.00$

3) 여용도계수(η_R)

특별한 이유가 없는 한 다재하-경로구조와 연속구조로 한다.

파괴시 교량의 붕괴를 초래할 수 있는 주부재와 구성요소는 파괴임계부재/요소로 지정하며, 관련 구조계는 비-여용구조계로 지정해야한다. 인장파괴-임계부재는 파쇄임계부재로 지정할 수 있다.

파괴가 되더라도 교량의 붕괴를 초래하지 않는 부재와 구성요소는 비파괴임계 부재/요소로 지정하며 관련 구조계는 여용구조계로 지정한다.

- 극한한계상태의 경우 :

    $\eta_R \geq 1.05$ 비여용 부재

    $= 1.00$ 통상적 여용수준

    ≥ 0.95 특별한 여용수준

    일반적으로 2개 이하의 I형 거더나 1개의 상자형 거더를 사용하는 경우는 비여용 부재로 $\eta_R = 1.05$를 적용한다.

- 기타 다른 한계상태의 경우

    $\eta_R = 1.00$

4) 중요도계수(η_I)

중요도 계수는 극한한계상태와 극단상황한계상태에만 적용한다.
발주자는 특정교량 또는 그 교량의 구조요소 및 접합부를 중요한 구조로 지정할 수 있다.

- 극한한계상태 :

    $\eta_I \geq 1.05$: 중요 교량

    $= 1.00$: 일반 교량

    ≥ 0.95 : 상대적으로 중요도가 낮은 교량

- 기타 한계상태 :

    $\eta_I = 1.00$

1.1.4 파괴확률과 신뢰성지수

▌신뢰성 지수(β)에 대해 설명하시오. (103회 1-6)

1) 정의

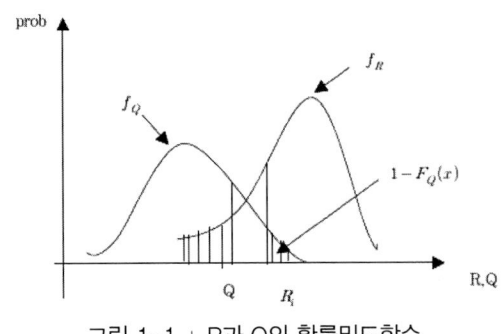

그림 1-1 | R과 Q의 확률밀도함수

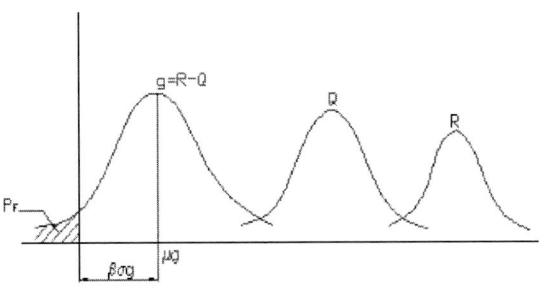

그림 1-2 | R과 Q의 한계상태함수(g)

종래의 안전률은 작용하중(Q)와 저항강도(R)을 절대값으로 놓고 저항강도(R)가 작용하중(Q)에 대해 일정비율 만큼 커지도록 하는 개념이었다. 하지만 실재에 있어서는 하중의 빈도 및 크기의 불확실성, 하중에 대한 해석오차, 재료강도의 불확실성, 단면치수 및 강도산정시의 오차 등으로 인해 작용하중과 저항강도는 평균값과 분산값으로 이루어진 정규분포의 확률분포곡선으로 나타낼 수 있으며, 파괴확률은 하중값의 상위부분과 저항값의 하위부분에 의해 결정된다.

$$g = R - Q < 0 \Rightarrow 파괴$$

그림 1-2의 그래프와 같이 저항확률곡선과 하중확률곡선의 차가 0보다 작게 될 때 파괴가 발생할 수 있으며, 0일 때부터 평균값 μg까지의 거리를 $\beta \sigma g$로 나타낼 때 β값의 크기에 의해 파괴확률이 달라짐을 알 수 있다. β가 커지면 파괴확률은 낮아지고 β가 작아지면 파괴확률이 높아진다. 이런 식으로 파괴확률을 표현할 수 있는 β와 지수와의 관계를 도표화 할 수 있으며, 이를 신뢰성 지수라 한다. 설계자는 신뢰성 지수 β를 조절해서 파괴확률을 결정할 수 있다. 도로교 설계기준은 $\beta=3.7$로 해서 하중계수 및 저항계수를 결정했으며, 이는 100년에 10^{-4}의 파괴확률을 의미한다.

2) 신뢰도 지수를 고려한 하중계수 및 저항계수 결정 절차

① STEP1 : 신뢰도 지수(β) 결정
② STEP2 : 하중계수 결정

$$\gamma Q = \mu_q + n \sigma_q = \mu_q (1 + n V_Q), \; \gamma = \frac{1 + n V_Q}{\lambda_q}$$

③ STEP3 : 저항계수 결정

$$\mu_r = \mu_q + \beta \sqrt{\sigma_q^2 + \sigma_r^2} = \lambda_r R_n = \frac{1}{\phi} \lambda_r \gamma Q$$

$$\phi = \frac{\lambda_r \gamma Q}{\mu_q + \beta \sqrt{\sigma_q^2 + \sigma_r^2}}$$

  μ_q : 하중의 평균값
  σ_q : 하중의 분산값
  V_Q : 하중의 변동계수
  λ_q : 하중의 편심계수
  μ_r : 저항의 평균값
  σ_r : 저항의 분산값
  λ_r : 저항의 편심계수

파괴확률 P_f(probability of failure)과 안전지수 β(safety index)의 상관관계를 설명하고 다음 조건의 교량에 대한 안전지수 β를 구하시오.

(105회 2-2)

대표거더의 휨모멘트 통계자료(지간 30m, 거더 간격 2.4m의 단순 PSC교)			
하중영향(정규분포)		저항모멘트(대수정규분포)	
계수모멘트의 평균값($\overline{Q}$)	5,000kN	공칭저항모멘트(R_n)	7,000kN.m
계수모멘트의 표준편차(σ_q)	400kN.m	저항모멘트에 대한 편심계수(λ_R)	1.05
		저항모멘트의 변동계수(V_R)	0.075

저항모멘트의 평균 및 표준편차를 계산하면 다음과 같다.

$\overline{R} = \lambda_R R_n = 1.05 \times 7000 = 7350 kN.m$

$\sigma_R = V_R \overline{R} = 0.075 \times 7350 = 551 kN.m$

R에서 Q를 뺀 한계상태함수를 g로 정의할때 g의 평균값 μ_g와 분산 σ_g를 계산하면 다음과 같다.

$$\mu_g = \overline{R} - \overline{Q} = 7350 - 5000 = 2350 kN.m$$

$$\sigma_g = \sqrt{\sigma_R^2 + \sigma_Q^2} = \sqrt{551^2 + 400^2} = 680 kN.m$$

안전지수는 한계상태함수의 평균에 대한 분산의 비로 나타내어지므로 다음과 같다.

$$\beta = \frac{\mu_g}{\sigma_g} = \frac{2350}{680} = 3.45$$

1.2 하중 및 하중조합

1.2.1 하중조합 및 활하중

> 도로교 설계기준 한계상태설계법 중 한계상태에서 규정된 각각의 하중조합에 대한 의미 및 설계차량 활하중과 충격하중에 대해 설명하시오.
>
> (97회 2-1, 104회 2-4)

1) 하중조합

- 극한한계상태 하중조합 I – 일반적인 차량통행을 고려한 기본하중조합. 이때 풍하중은 고려하지 않는다.

- 극한한계상태 하중조합 II – 발주자가 규정하는 특수차량이나 통행허가차량을 고려한 하중조합. 풍하중은 고려하지 않는다.

- 극한한계상태 하중조합 III – 거더 높이에서의 풍속 25 m/s를 초과하는 설계 풍하중을 고려하는 하중조합.

- 극한한계상태 하중조합 IV – 활하중에 비하여 고정하중이 매우 큰 경우에 적용하는 하중조합.

- 극한한계상태 하중조합 V – 차량 통행이 가능한 최대 풍속과 일상적인 차량통행에 의한 하중효과를 고려한 하중조합.

- 극단상황한계상태 하중조합 I – 지진하중을 고려하는 하중조합.

- 극단상황한계상태 하중조합 II – 빙하중, 선박 또는 차량의 충돌하중 및 감소된 활하중을 포함한 수리학적 사건에 관계된 하중조합. 이때 차량충돌하중 CT의 일부분인 활하중은 제외된다.

- 사용한계상태 하중조합 I – 교량의 정상 운용 상태에서 발생 가능한 모든 하중의 표준값과 25 m/s의 풍하중을 조합한 하중상태이며, 교량의 설계 수명

동안 발생 확률이 매우 적은 하중조합이다. 이 하중조합은 철근콘크리트의 사용성 검증에 사용할 수 있다. 또한 옹벽과 사면의 안정성 검증, 매설된 금속구조물, 터널라이닝판과 열가소성 파이프에서의 변형제어에도 적용한다.

- 사용한계상태 하중조합Ⅱ-차량하중에 의한 강구조물의 항복과 마찰이음부의 미끄러짐에 대한 하중조합.

- 사용한계상태 하중조합Ⅲ-교량의 정상 운용 상태에서 설계 수명 동안 종종 발생 가능한 하중조합이다. 이 조합은 부착된 프리스트레스 강재가 배치된 상부구조의 균열폭과 인장응력 크기를 검증하는데 사용한다.

- 사용한계상태 하중조합Ⅳ-설계수명 동안 종종 발생 가능한 하중조합으로 교량 특성상 하부구조는 연직하중보다 수평하중에 노출될 때 더 위험하기 때문에 연직 활하중 대신에 수평 풍하중을 고려한 하중조합이다. 따라서 이 조합은 부착된 프리스트레스 강재가 배치된 하부구조의 사용성 검증에 사용해야 한다. 물론 하부구조는 사용하중조합Ⅲ에서의 사용성 요구조건도 동시에 만족하도록 설계하여야 한다.

- 사용한계상태 하중조합Ⅴ-설계수명 동안 작용하는 고정하중과 수명의 약 50% 기간 동안 지속하여 작용하는 하중을 고려한 하중조합이다.

- 피로한계상태 하중조합-3.6.2항에 규정되어 있는 피로설계트럭하중을 이용하여 반복적인 차량하중과 동적응답에 의한 피로파괴를 검토하기 위한 하중조합.

2) 설계차량 활하중 및 충격하중

새로운 표준트럭하중의 모형은 기존의 DB-24의 표준트럭하중을 기본으로 하여 실제 트럭의 형태를 모형화한 것이며 연행하중의 영향을 고려하여 표준차로하중을 중첩하는 것으로 하였다.

(1) 표준트럭하중

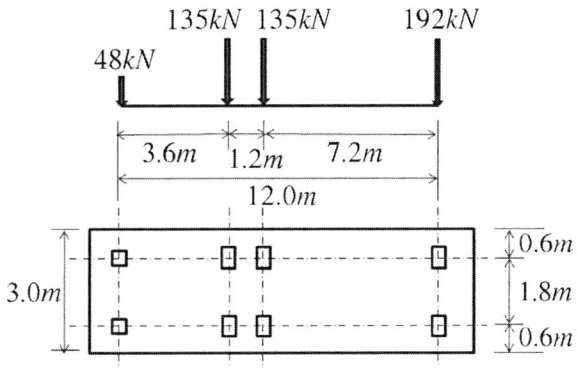

그림 1-3 | 표준트럭하중 (도·한 그림 3.6.1)

(2) 표준차로하중

표준차로하중은 종방향으로 균등하게 분포된 하중으로 표 1-1 값을 적용한다. 횡방향으로는 3,000 mm의 폭으로 균등하게 분포되어 있다. 표준차로하중의 영향에는 충격하중을 적용하지 않는다.

표 1.1 | 표준차로하중 (도·한 표 3.6.2)

L ≤ 60 m	$\omega = 12.7$ (kN/m)
L > 60 m	$\omega = 12.7 \times \left(\dfrac{60}{L}\right)^{0.10}$ (kN/m)

L : 표준차로하중이 재하되는 부분의 지간

(3) 주거더 설계시 차량하중 재하방법

① 만약 다른 특별한 규정이 없다면 최대 하중영향은 아래의 경우 중 큰 값을 사용한다.
  • 표준트럭하중의 영향
  • 표준트럭하중 영향의 75%와 정의된 표준차로하중의 영향의 합

② 설계차로와 각 차로에 재하되는 3,000 mm폭은 최대 하중영향을 갖도록 배치되어야한다.

③ 표준트럭하중 최외측 차륜중심의 횡방향 재하위치는 차도부분의 단부로부터 600 mm 로 한다.
④ 다차로 재하시 동시재하의 확률을 고려하여 표 1-2의 계수를 적용한다.

표 1-2 | 디차로재하계수 (도·한 표 3.6.1)

재하차로의 수	다차로재하계수 'm'
1	1.0
2	0.9
3	0.8
4	0.7
5 이상	0.65

(4) 충격하중

표 1-3 | 충격하중계수, IM (도·한 표 3.7.1)

성 분		IM
바닥판 신축이음장치를 제외한 모든 다른 부재	피로한계상태를 제외한 모든 한계상태	25%
	피로한계상태	15%

(5) DB24와의 비교

사용하중을 비교하면 기존 DB/DL24하중모형과 비교하여 40~45m지간에서 정모멘트는 약 55%, 전단력은 약 42%, 부모멘트는 약 38% 증가되며 다른 지간에서는 약간 증가하거나 오히려 감소하고 있다. 계수하중을 비교하면 활하중계수의 감소로 인하여 정모멘트는 지간40~45m에서 기존 대비 최대 약 32%, 전단력 22%, 부모멘트 19% 정도 증가하며 지간 20m이하, 또는 120m이상에서는 기존 대비 오히려 감소한다. 또한 2차로 재하하는 경우, 다차로재하계수가 1.0에서 0.9로 감소하므로, 기존대비 정모멘트는 지간40~45m에서 20%, 전단력 10%, 부모멘트 8% 정도 증가하며, 정모멘트의 경우 지간 30m이하 또는 100m이상에서는 기존대비하여 오히려 감소하며 부모멘트의 경우 대부분 기존보다 감소한다. 총하중효과를 비교하는 경우에는 고정하중에 의한 영향이 같다라는 가정하에 활하중 대비 고정하중의 비가 4~5정도(중지간의 경우)이므로 총하중 효과의 증감은 ±10% 이내로 예상된다.

1.2.2 풍하중

시공기준풍속 에 대해서 기술하시오. (107회 1-8)

1) 정의

태풍에 취약한 지역에 위치한 중장대 지간 교량의 시공 중 검토를 위한 풍속으로 공사기간에 대한 최대풍속 비초과 확률 80%에 해당하는 10분 평균풍속을 말하며, 이때 재현기간 R, 비초과 확률 P_{NE}, 공사기간 N의 관계는 다음 식과 같다.

$$R = \frac{1}{1 - (P_{NE})^{1/N}}$$

2) 적용

- 시공중 구조계 뿐 아니라 가시설물의 설계에도 시공기준풍속을 적용할 수 있다.
- 공사기간은 현장여건, 공사일정 등을 고려하여 합리적으로 결정해야한다.
- 재현기간별 풍속은 풍속자료의 확률특성에 따라 다르므로 일관적으로 설계풍속을 정할 수는 없다.

ex) 우리나라 남해안의 연 최대풍속을 보면 평균과 표준편차 비율이 대략 3.3~7.6의 범위에 있으며, 이를 바탕으로 추정한 재현기간 10년에 대한 풍속과 100년 빈도 풍속의 비율은 대략 0.72~0.85 정도이다. 따라서, 대상지역의 풍속자료가 가용치 못한 경우는 설계기준에 주어진 지역별 기본풍속의 80% 정도를 사용할 수 있다.

1.2.3 온도하중

> 도로교설계기준 한계상태설계법의 온도경사하중에 대해 기술하시오.
>
> (105회 1-1)

1) 정의

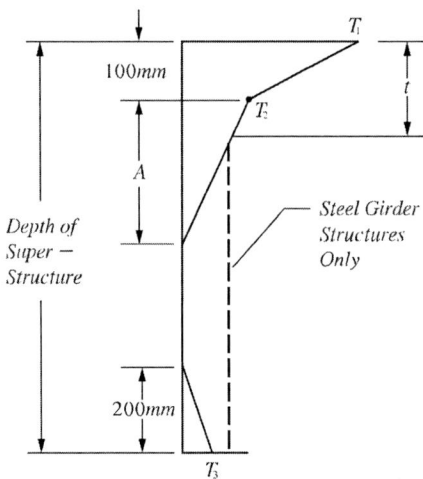

그림 1-4 | 콘크리트와 강재상부구조물에 발생하는 온도의 수직변화곡선 (도·한 그림 3.14.1)
표 1-4 | 온도경사 기본값 (도·한 표 3.14.2)

구역	T_1 (℃)	T_2 (℃)
1	23	6

바닥판이 콘크리트인 강재나 콘크리트 상부구조에서 수직온도경사는 그림 1-4와 같이 택한다. 그림 1-4에 나와 있는 "A"의 제원은 다음과 같다.

- 두께가 400 mm 이상인 콘크리트 상부구조물의 경우,

  A = 300 mm
- 400 mm 이하의 콘크리트단면의 경우,

  A = 실제 두께보다 100 mm 작은 값
- 강재로된 상부구조물인 경우,

A = 300 mm, t = 콘크리트 바닥판의 두께

상부의 온도가 높을 때의 T_1과 T_2의 값은 위 표 1-4와 같다. 하부의 온도가 높을 때의 값은 위 표 1-4에 정해진 값에 콘크리트 포장에는 -0.3을, 아스팔트포장에는 -0.2를 곱하여 구한다.

현장조사에 의하여 T_3의 값을 정하지 않는 경우, T_3의 값은 영(0 ℃)으로 하여야 한다. 그러나 3 ℃를 넘어서는 안 된다.

2) 적용

도로교설계기준 한계상태설계법 해설편에서는 온도경사에 의한 영향은 경험상 설계 시에 온도경사의 영향을 무시하는 것이 구조적으로 별 문제를 초래하지 않을 것이라고 판단되면 발주자는 임으로 온도경사의 영향을 제외시킬 수 있다고 명시되어 있다. 또, 개단면 거더나 다거더 강박스거더의 설계에서는 일반적으로 고려하지 않고 있다고 되어 있다. 이는 AASHTO LRFD를 번역하면서 미국의 실정을 그대로 옮겨 적은 것으로 국내 상황과는 다른 점이 있다. 일부 I형 콘크리트 거더교에 대해서는 고려하지 않았던 것이 사실이다. 하지만 강교에 대해서는 야스미해법 등을 통해 건조수축, 크리프의 영향과 함께 상하면 온도차로 인한 2차 부정력을 고려해 왔으며, 바닥판 철근량과 강재량을 결정하는데 일정부분 영향을 주었다. 실제 해석을 해보면 도로교설계기준 한계상태설계법에서 제시한 것과 같이 경사식으로 하중을 재하하면 이전과 같이 바닥판 전체에 일정하게 주던 것에 비해서 영향은 작게 나타난다. 하지만 이러한 상하부의 온도차에 의한 영향을 설계에 반영해야 될지 말아야 될지에 대해서는 기술자 스스로가 고민해 볼 필요가 있다. 설계기준의 이해를 위해서는 미국과 국내의 설계 및 시공문화의 차이도 인식을 해야 한다. 미국에서의 바닥판 타설 순서, 그리고 균열에 대한 인식이 국내와는 좀 다르다는 점에 주목해야 한다. 국내에서는 시공편의상 경간별로 순차적으로 바닥판을 타설한다. 하지만 지점부에 발생하는 인장력을 최소화하기 위해서는 중앙부를 타설하고 지점부를 타설

해야 한다. 이런 원칙을 지키며 시공하고 또 균열이 미치는 구조적 영향에 대해 정확한 진단과 대처를 할 수 있는 기술문화의 정착이 병행 되어야 한다.

1.2.4 원심하중

> 도로교설계기준 한계상태설계법의 원심하중에 대해 기술하시오.

원심하중은 표준트럭하중의 축중량에 계수 C를 곱한 값이다. C는 다음식과 같다.

$$C = \frac{4}{3}\frac{v^2}{gR}$$

여기서,
v = 도로 설계속도(m/s),
g = 중력가속도(m/s^2),
R = 통행차선의 회전반경(m)이다.

도로 설계속도는 도로 설계 기준(2012)에서 규정된 값보다 적어서는 안 된다.
동시재하계수를 적용해야 한다.
원심하중은 교면 상 1800 mm 높이에서 수평으로 작용하는 것으로 한다.

원심하중은 트럭하중에 작용시켜 검토하지만, 차선하중에 의해서도 일정 부분 발생하므로 이를 고려하여 4/3의 할증계수를 적용하였다. AASHTO LRFD에서는 극한한계상태와 사용한계상태에 대해서는 계수를 4/3을 적용하고 피로한계상태에 대해서는 1.0을 적용 한다.

1.2.5 배면활하중

> 도로교설계기준 한계상태설계법의 하중조합에는 고려되어 있으나, 재하방법에 대해 제시되어 있지 않은 배면활하중(LS)에 대해 설명하시오.

AASHTO LRFD에서는 벽체 높이의 1/2 거리 이내에 차량하중이 작용시 차량방향를 고려하여 토사의 단위중량과 벽체 높이에 따른 등가 높이(h_{eq})를 수평토압계수에 곱하여 재하하며, 등가 높이(h_{eq})는 AASHTO LRFD Design Turck(최대축중 144kN)의 벽체에 대한 압력분포로부터 유도한 것으로 되어 있다.

$$\Delta_p = k\gamma_s h_{eq}$$

여기서, Δ_p = 상재활하중에 기인한 일정 수평하중(kN/m^2)
  γ_s = 흙의 단위중량(kN/m^3)
  k = 토압계수
  h_{eq} = 차량하중에 대한 흙의 등가높이

표 1-5 | 차량흐름에 수직인 교대에 작용하는 차량하중에 대한 흙의 등가높이
(AASHTO LRFD 표 3.11.6.4-1)

교대높이(m)	h_{eq}(m)
1.5	1.2
3.0	0.9
≥ 6.0	0.6

표 1-6 | 차량흐름에 평행한 벽체에 작용하는 차량하중에 대한 흙의 등가높이
(AASHTO LRFD 표 3.11.6.4-2)

벽체높이(m)	h_{eq}(m) 벽체 뒷면에서 차량흐름 끝까지 거리	
	0.0m	0.3m 이상
1.5	1.5	0.6
3.0	1.05	0.6
≥ 6.0	0.6	0.6

흙의 등가높이 h_{eq}는 표 1-5와 표 1-6으로부터 구하되 국내 적용시에는 AASHTO 표준차량의 축중과 KL-510 축중의 비를 고려하여 보정계수 1.33 (=192kN/144kN)을 곱하여 적용하는 것이 합리적이라고 판단된다. 중간 벽체 높이에 대해서는 선형 보간을 한다. 일반적으로 적용되는 교대의 높이가 6.0m 이상임을 감안할 때 뒷채움 토사 중량을 19kN/m³으로 가정시 상재하중은 11.4kN/m²로 기존에 적용해오던 10kN/m²보다는 다소 큰 수준이다. AASHTO LRFD에서는 접속슬래브 설치시 감하여 적용할 수 있다고 되어 있으나 방법에 대해서는 언급되어 있지 않다.

1.3 교량 부대공 설계

1.3.1 교량 받침설계

> 도로교설계기준 한계상태설계법으로 받침 설계시 가동받침의 이동량 산정방법에 대해 설명하시오.

1) 이동량

(1) 이동량 산정

이동량은 일반적으로 다음 식을 따른다.

$$\triangle l = \triangle l_t + \triangle l_r + \triangle l_s + \triangle l_c$$

여기서,

$\triangle l_t$ = 온도변화에 의한 이동량($\triangle T \cdot \alpha \cdot l$)(mm)

$\triangle l_r$ = 활하중으로 거더의 처짐에 의한 이동량 $\sum (h_i \cdot \theta_i)$ (mm)

$\triangle l_s$ = 콘크리트의 건조수축에 의한 이동량($\triangle T \cdot \alpha \cdot l \cdot \beta$)(mm)

$\triangle l_c$ = 콘크리트의 크리프에 의한 이동량 $\left(\dfrac{P_i}{E_c A_c} \phi \cdot l \cdot \beta\right)$ (mm)

α = 열팽창계수

l = 신축거더 길이(mm)

β = 건조수축, 크리프의 저감계수

P_i = 프리스트레싱 직후의 PS 강재에 작용하는 인장력(N)

A_c = 콘크리트 단면적(mm^2)

E_c = 콘크리트 탄성계수(MPa)

ϕ = 콘크리트의 크리프계수

$\triangle T$ = 건조수축에 해당하는 온도변화(℃)

h_i = 거더의 중립축으로부터 받침의 회전중심까지의 거리(mm)

θ_i = 받침 상부의 거더의 회전각(rad)

표 1-7 | 콘크리트의 크리프 계수와 건조수축량 (도·한 표 9.5.1)

콘크리트의 크리프 계수	$\phi = 2.0$
콘크리트의 건조수축	20℃ 하강 상당

표 1-8 | 건조수축, 크리프의 저감계수 β (도·한 표 9.5.2)

콘크리트의 재령(월)	0.25	0.5	1	3	6	12	24
건조수축, 크리프의 저감계수(β)	0.8	0.7	0.6	0.4	0.3	0.2	0.1

(2) 여유 이동량

가동받침의 이동량은 계산이동량 외에 설치할 때의 오차와 하부구조의 예상 밖의 변위 등에 대처할 수 있도록 여유량을 고려하여야 한다. 이 여유량은 교량의 규모에 따라서 달라지므로 ±50℃의 온도변화에 상당하는 이동량으로 하고, 최대 ±50mm 이내로 하는 것이 바람직하다. 다만, 해당 받침 기준에서 더 엄격한 조건을 제시할 경우에는 이를 따른다.

(3) 검토의견

받침의 이동량 산정방법은 이전 기준과 동일하지만 여유량에 대해서는 기존의 ±30에 비해서 다소 증가되었다.

신축이음장치의 이동량은 극한한계상태하중조합으로 설계하도록 되어 있는데 반해, 받침의 이동량은 실질적으로 사용한계상태하중조합으로 설계되고 있어 신축이음이 충분한 성능을 발휘하기 이전에 받침이 파손할 여지가 있다. 따라서 받침과 신축장치의 이동량은 동일한 기준으로 맞출 필요가 있다고 판단된다.

도로교설계기준 한계상태설계법에서의 강재보강 탄성받침의 설계방법에 대해 설명하시오.

1) 허용압축응력 검토

도로교설계기준 한계상태설계법에서는 받침의 연직저항능력기준으로 허용압축응력 및 회전각을 제시하고 있지만 이는 한계상태 설계개념에 적합하지 않다. 기존의 설계조건을 만족시키려는 의도였다면 검토하는 하중기준을 명확히 할 필요가 있다. 사용한계상태 하중조합 정도가 적합하다고 판단된다.

2) 설계원리

(1) 최대설계변형률

받침의 어느 지점에서든 설계하중에 의한 변형률의 합은 다음 식으로 계산할 수 있다.

$$\epsilon_{t,d} = K_L(\epsilon_{c,d} + \epsilon_{q,d} + \epsilon_{\alpha,d})$$

여기서,
- $\epsilon_{c,d}$ = 압축설계하중에 의한 설계변형률
- $\epsilon_{q,d}$ = 설계이동변위에 의한 설계전단변형률
- $\epsilon_{\alpha,d}$ = 설계각회전에 의한 설계변형률
- K_L = 하중종류에 따른 계수. 일반적으로 1.0을 사용하며, 차량 활하중에 의해 계산되는 경우에는 1.5를 사용한다.

이 최대설계변형률($\epsilon_{t,d}$)은 사용한계상태에서는 최대값 5를 초과할 수 없으며, 극한한계상태에서는 최대값 7을 초과할 수 없다.

(2) 보강판의 최대 인장응력

보강판은 사용한계상태와 극한한계상태에 해당되는 설계하중에 대하여 아래에 따라 설계하여야 한다.

적층탄성받침의 보강판 최소두께는 다음을 따른다.

$$t_s = \frac{1.3\,F_{z,d} \cdot (t_1 + t_2) \cdot K_h}{A_r \cdot f_y} \quad \text{그리고} \quad t_s \geq 2\,\text{mm}$$

여기서,

- $F_{z,d}$ = 수직설계하중(kN)
- A_r = 하중효과로 감소된 유효 평면적(mm^2)
- t_1, t_2 = 내부보강판 양면에서의 탄성중합체의 두께(mm)
- f_y = 보강판의 항복 응력(MPa)
- K_h = 보강판의 인장응력을 고려하기 위한 계수
  - 구멍이 없는 경우 : $K_h = 1$
  - 구멍이 있는 경우 : $K_h = 2$

(3) 안정성 기준

받침은 사용한계상태와 극한한계상태에 대하여 다음의 안정성 기준을 만족하여야 한다. 검토항목은 다음과 같다.

① 회전 안정성
② 버클링 안정성
③ 미끄럼 안정성

(4) 받침의 힘, 모멘트, 변형에 대해 평가

검토항목은 다음과 같다.

① 접촉면에서의 압력
② 이동변위에 의해 구조물에 가해지는 힘
③ 회전저항에 의한 복원모멘트
④ 수직처짐

3) 검토의견

한계상태설계법은 받침의 연직 저항능력에 대해 사용한계상태 하중조합 및 극한한계상태 하중조합으로 사용성 및 안정성 검토하도록 하고 있다. 하지만 사용한계상태나 극한한계상태가 어떤 거동상태를 의미하는 지 명확하지 않다. 또, 제한값 만 제시하고 사용한계상태로 검토해야 하는 지 극한한계상태로 검토해야 하는 지가 명확하지 않다.

연결 볼트 설계 및 연직저항능력에 대해서는 허용응력설계법으로 기준을 제시하고 있어 이 또한 한계상태 설계법과는 무관하다.

결론적으로 도로교설계기준 한계상태설계법의 받침설계 내용은 여러 설계기준법이 혼재되어 있고 명확하지 않은 상태이므로 기준의 정립이 이루어지기 전까지는 사용한계상태 하중조합을 적용하여 기존의 받침용량 산정방법을 따르는 것이 좋을 것으로 생각된다.

도로교설계기준 한계상태설계법에서의 부반력 검토기준에 대해 설명하시오.

기존의 설계기준에서는 부반력이 분리된 하중조합으로 다루어졌으나, 한계상태설계법에서는 극한한계상태조합에 포함되었다. 지속하중이 부반력을 발생시키는 경우에는 지간의 위치에 관계없이 최대하중계수를 적용하여야 한다. 만약 다른 지속하중이 부반력을 감소시킨다면, 그 하중은 지간의 위치에 관계없이 최소하중계수를 적용하여야 한다. 예를 들어, 극한한계상태조합 I에서 지속하중이 지점에 정반력을 발생시키고 활하중이 부반력을 발생시키면 하중조합은 0.9DC + 0.65DW + 1.8(LL+IM)이 될 것이다. 만약 두 하중이 모두 부반력을 발생시키면, 하중조합은 1.25DC + 1.50DW + 1.8(LL + IM)이 될 것이다. 이와 같이 각 하중효과에 대해, 극한한계상태조합들은 최대 또는 최소 하중계수를 각각 적용하여 검토하여야 한다.

1) 기존설계에서의 부반력 검토 하중조합

$$CASE1 : 2.0R_{L+I} + R_{DC} + R_{DW}$$

$$CASE2 : R_{DC} + R_{DW} + R_W$$

2) 한계상태설계법에서의 부반력 검토 하중조합 예

$$CASE1 : 1.8R_{L+I} + 1.8CF + 0.9R_{DC} + 0.65R_{DW}$$

$$CASE2 : 0.9R_{DC} + 0.65R_{DW} + 1.4R_W$$

1.3.3 신축이음의 설계

도로교설계기준 한계상태설계법의 핑거형 신축이음 요구성능에 대해 설명하시오.
(106회 1-4)

1) 일반사항

(1) 캔틸레버형 핑거 신축이음에 대하여 규정한다.
(2) 캔틸레버 핑거와 이를 지지하는 앵커에 대하여 극한한계상태 설계와 피로한계상태 설계를 수행하여 신축이음 시스템으로서의 요구 성능과 내구성을 확보해야 한다.

2) 요구성능

(1) 핑거형 신축이음에서도 먼지, 모래 등 이물질이 핑거 사이에 퇴적될 경우를 대비하여 청소가 용이하고 일부 소모성 부품 교체에 있어서 편리한 구조를 가져야 한다.
(2) 인접 핑거들 사이의 틈은 가장 벌어진 상태(계수 극한이동 상태)에서 다음을 만족해야 한다.
 ① 교축방향으로 열려진 길이가 200mm 이하인 경우 폭이 75mm 이하

② 교축방향으로 열려진 길이가 200mm를 초과하는 경우 폭이 50mm 이하 또한 계수 극한이동 상태에서 핑거의 겹침은 38mm 이상이어야 하고 하절기에 틈새가 축소되어 완전히 겹쳐졌을 경우에도 틈새가 20mm 이상의 여유 간격을 가지고 있어야 한다. 핑거캔틸레버 끝단은 15mm 이상의 곡률 반경을 가져야 한다.

(3) 캔틸레버 시점은 단부 앵글 전면으로부터 캔틸레버 방향으로 10mm 이상 떨어져 있어야 한다. 여기서, 단부 앵글의 상면과 상대편 핑거 캔틸레버의 하면사이의 거리가 20mm 이상으로 충분할 경우에는 본 규정을 적용하지 않아도 좋다.

3) 하중 및 하중계수

수직하중만을 적용하여 설계하며 도로교 설계기준에서 제시한 윤하중 분포 개념을 사용한다. 등분포 윤하중은 핑거 캔틸레버에 최대 모멘트가 작용하도록 재하 한다. 충격계수는 1.0을 사용하고 하중계수는 KDS 24 12 11, KDS 24 12 21에 규정한 극한한계상태 하중조합을 따른다.

도로교설계기준 한계상태설계법의 신축이음 설계 방법에 대해 설명하시오.

1) 설계 이동량 및 허용 틈새 간격

(1) 신축이음의 이동량은 발생 가능한 모든 하중들의 조합들 중에서 가장 불리한 경우에 대하여 KDS 24 12 11과 KDS 24 12 21에서 규정한 극한한계상태 하중조합을 사용하여 계산하여야 한다.

(2) 각종 이동량 및 시공 여유량 등을 모두 고려하여 차량 진행방향으로 산정한 신축이음 노면 최대 틈새 간격(W, mm)은 다음을 만족하여야 한다.

① 틈새가 하나인 경우(for single gap) : $W \leq 100\,mm$

② 틈새가 여러 개인 모듈 형식(for multiple modular gaps) : $W \leq 80\,mm$

(3) 강교량인 경우 노면 틈새 간격은 계수하중을 고려한 극한 이동 상태에서 최소 25mm 이상이어야 한다. 콘크리트교량인 경우 크리프 및 건조수축 변형을 감안하여 초기에 일시적으로 최소 틈새 간격이 25mm 보다 작을 수 있다.

2) 설계하중

(1) 신축이음의 설계 연직하중은 KDS 24 12 11과 KDS 24 12 21의 표준트럭의 후륜하중으로 한다. 윤하중 분배 면적 크기는 제3장 하중편을 참조하여 산정할 수 있으며, 레일형 및 핑거형 등 개방식 신축이음인 경우에는 트럭 바퀴가 접촉되지 않는 부분이 발생하므로 분포하중 산정 시 이를 고려해야 한다.

(2) 신축이음의 설계 수평하중은 설계 연직하중의 20 % 로 하고 신축이음에서의 바퀴 접촉과 분포를 고려한다. 눈이 많이 오는 지역에서 제설차의 사용이 예상되는 경우에는 신축이음 길이 방향 3,050mm에 20N/mm(충격 포함)로 분포하는 선하중을 사용한다. 여기서 작용방향은 차량 진행 방향이며 노면 위치에서 작용하는 것으로 한다.

3) 구조해석

신축이음의 형상과 구조를 합리적으로 반영하여 해석모델을 설정한다. 최대 신축상태에서 설계하중을 재하하여 가장 불리한 상태가 되도록 한 후 구조해석을 실시하여 최대 단면력을 산출한다.

4) 설계상세

(1) 신축이음은 차량과 포장 유지관리 장비, 그리고 장기적인 다양한 환경적 손상 영향을 수용할 수 있도록 설계되어야 한다.

(2) 교대부에서 신축이음 양쪽 부분의 부등 처짐이 예상되는 경우에는 이를 수용할 수 있는 신축이음을 선정해야 한다.

(3) 콘크리트 단부 보호용 앵글 등에서는 콘크리트 타설시 충분한 채움을 위해 중심 간격 460mm 이하, 최소 직경 20mm의 공기 배출 구멍을 가지고 있어

야 한다.
(4) 신축이음과 채움 콘크리트 사이에 완전 합성거동을 보장할 수 있는 앵커나 전단연결재를 설계하여야 하며, 경계면은 완전 방수 처리하여 누수가 발생하지 않도록 해야 한다.
(5) 주행방향으로 300mm 이상 신축이음 표면이 차량에 노출되는 경우에는 미끄럼 방지 처리를 하여야 한다.

> 도로교설계기준 한계상태설계법의 L=35m 콘크리트교량의 신축량을 산정하시오(바닥판을 포함한 거더의 높이는 1.5m로 가정).

신축이음의 이동량은 발생 가능한 모든 하중조합에 대하여 극한한계상태 하중조합을 사용하여 계산하여야 한다.
이동량 산정시 고려해야 할 사항은 온도, 크리프 및 건조수축의 영향, 구조부재의 크기, 시공오차, 시공방법과 순서, 사각과 곡률, 하부지반의 안정화에 의한 기초의 이동, 활하중의 영향 등이다. 기존의 검토항목과 큰 차이는 없다. 다만, 지점이동의 영향은 특별한 경우가 아니면 기존의 부가 여유량이 이러한 의미를 포함하므로 이를 대체하고 고성토부 등에서는 시공순서를 고려하여 별도의 검토가 필요할 것으로 판단된다.

1) 온도변화에 의한 신축량($\Delta T = \pm 20°C$)

$$\Delta L_t = (T_{xam} - T_{\min})\alpha L = 40 \times 1.0^{-5} \times 35 = 14.0mm$$

여기서, α(선팽창계수) 콘크리트교 $= 1.0 \times 10^{-5}$, 강교$= 1.0 \times 10^{-5}$

2) 건조수축에 의한 신축량(20°C에 대한 온도변화량으로 고려한다.)

$$\Delta L_s = -20\alpha\beta L = -20 \times 1.0^{-5} \times 35 = -3.5mm$$

3) 크리프에 의한 신축량

프리스트레스 긴장력이 도입될 때부터의 콘크리트의 재령에 따라 저감계수 β를 적용함

$$\Delta L_{cr} = -P_i/(E_c A_C) \times \phi \times \beta \times L \,(\text{or}\, 0.2L) = -(0.2) \times 35.0 = -7mm$$

여기서, α : 크리프 계수
β : 저감계수
P_i : 프리스트레싱 직후의 PS강재에 작용하는 인장력
E_c : 콘크리트의 탄성계수
A_c : 콘크리트의 단면적

4) 지점의 회전변위에 의한 신축량

$$\Delta L_r = -h\theta_e = -1.5 \times 1/3 \times (1/300) = -1.7mm$$

여기서, θ_e (지점의 회전변위) 콘크리트교 = 1/300, 강교 = 1/150,
h = 1/3 거더의 높이

5) 설치여유량 : 10mm

6) 부가여유량 : 1)~4)의 20%(L ≤ =100), 20mm(L〉100m)

7) 극한한계상태 하중조합에 의한 신축량 계산(단위 mm)

하중	TU	SH	CR	LL	설치여유	부가여유
변위	14	3.9	7	1.7	10	5
하중계수	1.2	1.0	1.0	1.8	–	–

※ 설계신축량(ΔL) =1.2(14)+1.0(3.9+7.0)+1.8(1.7)+10+5 = 45.8mm

※ 설계유간 산정시에는 공용중 최소틈새를 고려하여 산정하며, 이때 콘크리트 교량은 크리프 및 건조수축에 의한 수축량을 최소틈새 여유량에서 공제할 수 있다(레일식의 경우). Finger Joint식은 제품자체에 요구되는 20mm의 최소틈새가 고려되어 있다.

※ 신축이음장치에서의 활하중 처짐에 대한 고려 방법에 대한 의견은 분분하다. 도로설계요령 2009에서는 유격 과다로 인한 주행성 저하 및 경제성을 고려하여 지간장 100m 이내인 경우는 반영하지 않도록 되어 있으며, 한계상태설계법에서는 활하중에 의한 신축량을 고려하도록 하고 있지만 산정방법은 제시되어 있지 않다. 기존에 받침부 이동량 산정식을 이용하게 되면 단경간의 교량의 경우 시종점부의 회전각을 합산하여 계산 후 활하중에 대한 하중계수를 곱하게 되어 지간장 40m이상의 교량에서는 신축장치 규격이 한 단계식 올라가게 된다. 하지만 신축이음부에서의 이동량은 받침부에서의 이동량 보다 작으며, 부가여유에 처짐에 의한 이동량이 포함되어 있어 과다한 설계가 될 수 있다.

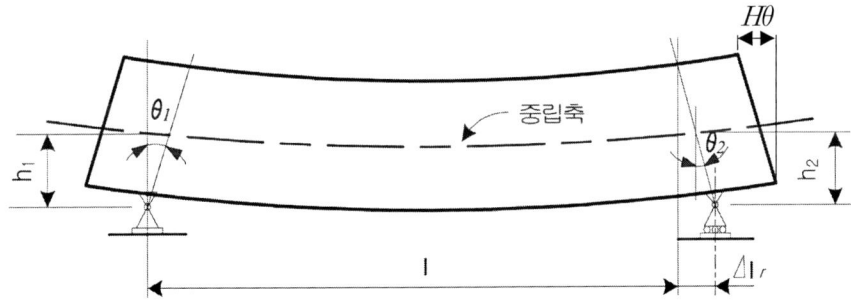

그림 1-5 | 거더의 처짐에 의한 이동량 (도·해 2008 그림 2.4.1)

거더의 처짐에 의한 수평변위 : 가동단에서의 수평변위는 $\Delta l_r = h_1\theta_1 + h_2\theta_2$로 거더의 높이를 H, $h_1 = h_2 = 2/3H, \theta_1 = \theta_2 = \theta$로 가정 했을 때 $\Delta l_r = 4/3H\theta$가 되며, 신축이음부에서의 수평이동량은 $H\theta$만큼 반대방향으로 이동하므로 $1/3H\theta$가 된다. 이 값은 전체 신축량에 비해 미미한 값이라 판단되며, 계수하중을 고려해 반영한다고 하면 약간의 영향을 줄 수 있으므로 앞서 계산한 바와 같이 $1/3H\theta$ 정도로 제안해 본다.

강구조

02

비틀림을 받는 부재의 설계 • 2.1

축력을 받는 부재의 설계 • 2.2

교량용 거더의 설계 • 2.3

이음 • 2.4

2.1 비틀림을 받는 부재의 설계

다음 그림과 같은 각형강관 150×100×5(SPSR490)의 설계비틀림강도($\phi_T T$)를 하중저항계수법으로 구하시오. (100회 1-11)

(단, E=205,000 MPa, 항복강도 F_y = 315MPa 이다).

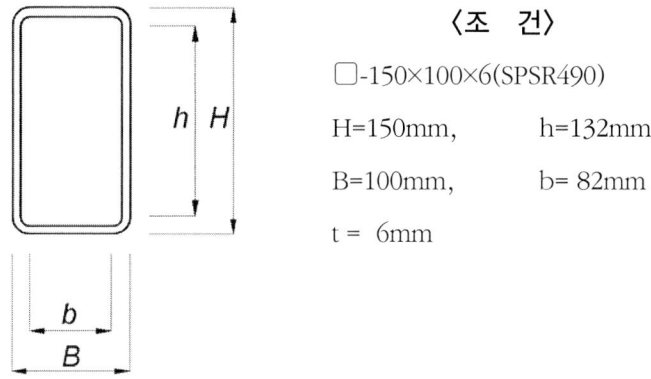

〈조 건〉

☐-150×100×6(SPSR490)

H=150mm,   h=132mm

B=100mm,   b=82mm

t = 6mm

1) 박판부재의 비틀림 작용시 전단응력식으로부터 비틀림을 유도할 수 있다.
$$\tau = \frac{T}{2A_m t} \Rightarrow T = 2A_m t \tau$$

2) 설계비틀림강도 $\phi_T T$은 다음과 같다.
$$\phi_T T = \phi_T 2A_m t \tau = \phi_T 2A_m t F_{cr}$$

여기서, $\phi_T = 0.9$

$2A_m = 2(100-6)(150-6)6 - 4.5(4-\pi)6^3 = 161,597 mm^2$

$\dfrac{h}{t} = \dfrac{132}{6} = 22 < 62\left(=2.45\sqrt{\dfrac{205,000}{315}}\right) : F_{cr} = 0.6 F_y$

$F_y = 325 MPa$

따라서,
$$\phi_T T = 0.9 \times 161,597 \times 0.6 \times 325 = 28,360,274 N.mm$$

2.2 축력을 받는 부재의 설계

2.2.1 비합성 부재의 설계

> H형 단면의 압축 강도 산정과정에 대해 설명하시오.

축력을 받는 부재는 기하형상에 따른 좌굴의 영향을 받으므로 재료의 특성뿐만 아니라 세장비의 영향도 강도 산정시 고려해야 된다. 또한 부재를 구성하는 판재의 폭두께비에 따라 전체좌굴이 일어나기 전 발생할 수 있는 국부적인 좌굴의 영향도 검토해야 한다. 단면의 형상에 따른 폭두께비에 따라 먼저 세장단면과 비세장단면을 구분하고 비세장단면의 경우는 전체좌굴를 고려한 실험강도식을 적용하여 강도를 계산하며 세장단면은 추가적으로 국부좌굴을 고려한 감소계수를 곱하여 강도를 산정하여야 한다.

1) 세장단면과 비세장단면의 구분

① 비세장판 단면 : 압축판요소의 폭두께비가 한계 폭두께비(λ_r)를 초과하지 않는 단면
② 세장판 단면 : 압축판요소의 폭두께비가 한계 폭두께비(λ_r)를 초과하는 단면

표 2-1 | 압축력을 받는 압연 H형강의 폭두께비 한계값 (강·설 표 5.1.1, 3-1 참고)

구분	요소	폭두께비 한계값(λ_r)
양연지지판	복부판(h/t)	$1.49\sqrt{\dfrac{E}{F_y}}$
자유돌출판	플랜지(b/t)	$0.56\sqrt{\dfrac{E}{F_y}}$

2) 비세장단면의 압축강도

축방향공칭강도는 좌굴을 고려한 강도 F_{cr}과 강재의 단면적의 곱으로 구해지며, 강도 F_{cr}은 세장비에 따라 비탄성좌굴영역과 Euler곡선식(계수 0.877은 초

기변형으로 인한 내하력저하를 반영한 감소계수이다)을 따르는 탄성좌굴영역으로 구분된다. $KL/r = 4.71\sqrt{E/F_y}\,(\text{or}\,F_y/F_e = 2.25)$를 기준으로 이보다 작으면 비탄성영역의 좌굴식 적용하고 이보다 클 경우는 탄성영역의 좌굴식을 적용한다.

$P_n = F_{cr}A_g$, F_e (탄성좌굴응력)$= \pi^2 E/(KL/r)^2$

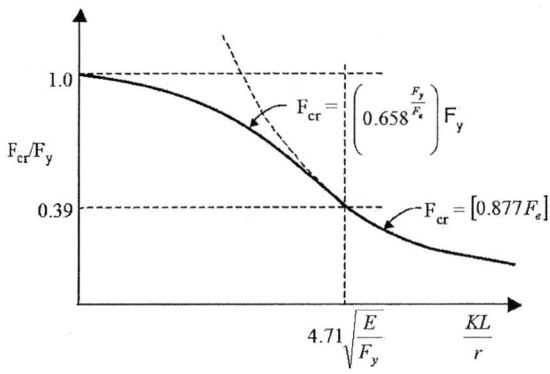

그림 2-1 | 기둥의 강도곡선

강도가 항복강도의 0.39이상이 될 때는 잔류응력, 재작오차, 편심재하 등의 원인으로 Euler 이론식보다 좌굴강도가 저하되는 현상이 발생하기 때문이다. 종래에 실험곡선식(G. schulz, 1975)을 사용하는 대신 위의 곡선식(Galambos, 1998)을 사용하는 것과 안전율확보 방법에 있어서 강도에 대한 일률적인 안전률을 적용하는 대신 하중계수와 저항계수를 적용하는 차이가 있다.

3) 세장단면의 압축강도

세장판요소는 휨좌굴, 비틀림좌굴 및 휨비틀림좌굴 한계상태 중에서 가장 낮은 값으로 적용하며 다음과 같이 구한다.

(1) $\dfrac{KL}{r} \leq 4.71\sqrt{\dfrac{E}{QF_y}}$, 또는 $\dfrac{QF_y}{F_e} \leq 2.25$ 일 경우,

$F_{cr} = Q\left[0.658^{\frac{QF_y}{F_e}}\right]F_y$

(2) $\dfrac{KL}{r} > 4.71\sqrt{\dfrac{E}{QF_y}}$, 또는 $\dfrac{QF_y}{F_e} > 2.25$ 일 경우,

$F_{cr} = 0.887 F_e$

Q : 모든 세장 압축요소를 고려하는 순감소계수로서, 균일압축을 받는 단면에 대해 세장판요소가 없는 부재는 1.0, 세장판요소를 갖는 부재는 $Q_s Q_a$로 산정한다. 세장한 자유돌출판으로만 조합된 단면의 경우 $Q = Q_s (Q_a = 1.0)$, 세장한 양연지지판으로만 조합된 경우 $Q = Q_a (Q_s = 1.0)$, 양연지지판과 자유돌출판으로 조합된 단면의 경우 $Q = Q_s Q_a$, 로 산정한다. 여러 개의 세장한 자유돌출판으로 조합된 단면의 경우, 더 세장한 판으로 구해진 작은 Q_s를 사용하는 것이 보수적이다.

다음 그림 및 조건과 같이 양단 힌지로 지지되고 있는 길이 6m 기둥이 있다. 이 기둥에 대해 잔류응력, 편심하중, 초기 처짐 등의 영향을 고려하지 않을 때 허용 축하중을 구하시오. (단, SM520강재, 항복강도 $F_y = 355MPa$)

(100회 2-5 전환문제)

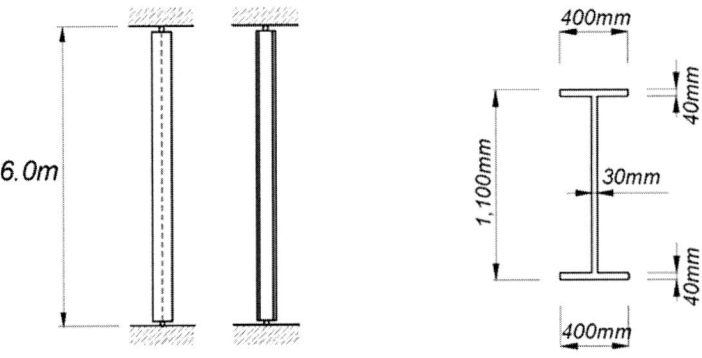

약축이 단면을 지배하므로 약축으로 검토한다.

1) 단면의 세장비 검토

약축에 대해 복부는 자유돌출판이 되므로 아래 표 2-2를 적용하여 단면의 세장/비세장을 판정한다.

$$\frac{b}{t_f} = \frac{200}{40} = 5 \quad \leq \quad \lambda_r = 0.64\sqrt{\frac{k_c E}{F_y}} = 0.64\sqrt{\frac{(0.686)205,000}{355}} = 12.74$$

$$k_c = 4/\sqrt{h/t_w} = 4/\sqrt{(1100-2\times 40)/30} = 0.686\,(0.35 \leq k_c \leq 0.76)$$

$$\frac{h}{t_w} = \frac{(1,100-2\times 40)}{30} = 34 \quad \leq \quad \lambda_r = 1.49\sqrt{\frac{E}{F_y}} = 1.49\sqrt{\frac{205,000}{355}} = 35.8$$

⇒ 비세장 단면

표 2-2 │ 압축력을 받는 압축 판요소의 폭두께비 (강·설 표 5.11.3-1)

단면	구분	판요소에 대한 설명	폭두께비	폭두께비 한계값 λ_r (비세장/세장)	예
자유돌출판	1	• 압연 H형강의 플랜지 • 압연 H형강으로부터 돌출된 플레이트 • 서로 접한 쌍ㄱ형강의 돌출된 다리 • ㄷ형강의 플랜지 • T형강의 플랜지	b/t	$0.56\sqrt{\dfrac{E}{F_y}}$	
	2	• 용접 H형강의 플랜지 • 용접 H형강으로부터 돌출된 플레이트 또는 ㄱ형강 다리	b/t	$0.64\sqrt{\dfrac{k_c E}{F_y}}$ [1]	
	3	• ㄱ형강의 다리 • 끼움판을 낀 쌍ㄱ형강의 다리 • 그 외 모든 한쪽만 지지된 판 요소	b/t	$0.45\sqrt{\dfrac{E}{F_y}}$	
	4	• T형강의 스템	d/t	$0.75\sqrt{\dfrac{E}{F_y}}$	

(다음면에 계속)

단면	구분	판요소에 대한 설명	폭두께비	폭두께비 한계값 λ_r (비세장/세장)	예
양연지지판	5	• 2축 대칭 H형강의 웨브와 ㄷ형강	h/t_w	$1.49\sqrt{\dfrac{E}{F_y}}$	
	6	• 균일한 두께를 갖는 각형강관과 박스의 벽	b/t	$1.40\sqrt{\dfrac{E}{F_y}}$	
	7	• 플랜지 커버플레이트 • 연결재 또는 용접선 사이의 다이아프램 플레이트	b/t	$1.40\sqrt{\dfrac{E}{F_y}}$	
	8	• 그 외 모든 양쪽이 지지된 판요소	b/t	$1.49\sqrt{\dfrac{E}{F_y}}$	
	9	• 원형강관	D/t	$0.11\sqrt{\dfrac{E}{F_y}}$	

주1) $k_c = \dfrac{4}{\sqrt{h/t_w}}$, 여기서 $0.35 \leq k_c \leq 0.76$

2) 유효좌굴길이에 대한 세장비 제한 검토

$$I_{\min} = \frac{1100 \times 400^3}{12} - \frac{(1100 - 2 \times 40) \times 400^3}{12} + \frac{(1100 - 2 \times 40) \times 30^3}{12}$$

$$= 428{,}961{,}666 \, mm^4$$

$$A = 400 \times 1100 - (400 - 30)(1100 - 40 \times 2) = 62{,}600 \, mm^2$$

$$r_{\min} = \sqrt{\frac{I_{\min}}{A}} = \sqrt{\frac{428{,}961{,}666}{62{,}600}} = 82.78$$

$$\frac{kl}{r} = \frac{(1.0)5{,}000}{82.78} = 60.4 \leq 120 \Rightarrow 압축 주부재의 세장비 기준 만족$$

3) 압축강도

$$F_e = \frac{\pi^2 E}{\left(\dfrac{kl}{r}\right)^2} = \frac{\pi^2 (205{,}000)}{(60.4)^2} = 554 MPa$$

$$\frac{F_y}{F_e} = \frac{355}{554} = 0.641 < 2.25 \text{ 따라서}$$

$$F_{cr} = 0.685^{\frac{F_y}{F_e}} F_y = 0.685^{0.641}(355) = 278 MPa$$

$$P_n = A_s F_{cr} = (62{,}600)(278) \times 10^{-3} = 17{,}402 kN$$

2.2.2 합성 부재의 설계

> 하중저항계수 설계법에 따라 강관이 구조용 콘크리트와 함께 거동하도록 설계하는 경우 합성단면의 공칭강도 계산방법에 대해 설명하시오.
>
> (102회 4-4, 109회 1-10)

1) 압축강도($\phi_c = 0.75$)

(1) 매입형

- $P_{no} = F_y A_s + A_r f_r + 0.85 A_c f_{ck}$
- $P_e = \dfrac{\pi E I_{eff}}{(kl)^2}$

  $EI_{eff} = E_s I_s + 0.5 E_{sr} I_{sr} + C_1 E_c I_c$

  $C_1 = 0.1 + 2\left(\dfrac{A_s}{A_c + A_s}\right) \leq 0.3$

- P_n

$$\frac{P_{no}}{P_e} \leq 2.25, \qquad P_n = 0.658^{P_n/P_e} P_{no}$$

$$\frac{P_{no}}{P_e} > 2.25, \qquad P_n = 0.877 P_e$$

(2) 충전형

- 세장비 검토

표 2-3 | 압축력을 받는 충전형 합성부재 압축 강재요소의 폭두께비 제한
(강·설 표 5.8.1.4-1)

구 분	폭두께비	λ_p 조밀/비조밀	λ_r 비조밀/세장	λ_{max} 최대허용
각형강관[1]	b/t	$2.26\sqrt{\dfrac{E}{F_y}}$	$3.00\sqrt{\dfrac{E}{F_y}}$	$5.00\sqrt{\dfrac{E}{F_y}}$
원형강관	D/t	$\dfrac{0.15E}{F_y}$	$\dfrac{0.19E}{F_y}$	$\dfrac{0.31E}{F_y}$

주 1) 사각형 강관 및 두께가 일정한 용접 사각형 강관을 나타냄

- P_{no}

  a. 조밀단면

  $$\cdot\; P_{no} = P_p = F_y A_s + C_2 f_{ck}(A_c + A_{sr}\frac{E_{sr}}{E_c})$$

  $C_2 = 0.85$ (사각단면)

  $$0.85(1 + 1.56\frac{f_{yt}}{D_c f_{ck}}), D_c = D - 2t \text{ (원형단면)}$$

  b. 비조밀단면

  $$\cdot\; P_{no} = P_p - (P_p - P_y)\frac{(\lambda - \lambda_p)^2}{(\lambda_r - \lambda_p)^2}$$

  $$P_y = F_y A_s + 0.7 f_{ck}(A_c + A_{sr}\frac{E_{sr}}{E_c})$$

c. 세장단면

- $P_{no} = F_{cr}A_s + 0.7f_{ck}\left(A_c + A_{sr}\dfrac{E_{sr}}{E_c}\right)$

$$F_{cr} = \dfrac{9E_s}{(b/t)^2}(\text{사각단면}), \quad \dfrac{0.72F_y}{[(D/t)(F_y/E_s)]^{0.2}}(\text{원형단면})$$

- $P_e = \dfrac{\pi EI_{eff}}{(kl)^2}$

$$EI_{eff} = E_s I_s + E_{sr} I_{sr} + C_3 E_c I_c, \quad C_3 = 0.6 + 2\left(\dfrac{A_s}{A_c + A_s}\right) \le 0.9$$

(3) P_n

- $\dfrac{P_{no}}{P_e} \le 2.25, \qquad P_n = 0.658^{P_{no}/P_e} P_{no}$

- $\dfrac{P_{no}}{P_e} > 2.25, \qquad P_n = 0.877 P_e$

2) 인장강도($\phi_t = 0.9$)

- $P_n = F_y A_s + F_{ysr} A_{sr}$

3) 휨강도($\phi_b = 0.9$)

(1) 매입형

공칭휨강도 M_n은 다음 방법 중의 하나를 사용하여 구한다.

① 항복한계상태(항복모멘트) ; 동바리의 효과를 고려하여 합성단면에 작용하는 탄성응력을 중첩하여 산정
② 강재 단면의 항복한계상태(소성모멘트) ; 강재 단면만의 소성응력분포를 산정
③ 합성단면에 작용하는 소성응력분포를 사용하여 구하거나 변형률적합법을 사용하여 구한다(매입형 합성부재에는 강재 전단연결재를 사용한다).

(2) 충전형

   a. 조밀단면
   - $M_n = M_p$

   b. 비조밀단면
   - $M_n = M_p - (M_p - M_y)(\dfrac{\lambda - \lambda_p}{\lambda_r - \lambda_p})$

   c. 세장단면
   - 공칭휨강도는 첫 항복모멘트로부터 구한다.
   - 압축응력은 F_{cr}로 제한된다.
   - 콘크리트응력 분포는 최대압축응력을 $0.7f_{ck}$로 한 선형탄성 응력분포로 한다.

4) 축력과 휨의 합성강도 검토

- $\dfrac{P_u}{P_r} < 0.2$ $\dfrac{P_u}{2.0P_r} + \left(\dfrac{M_{ux}}{M_{rx}} + \dfrac{M_{uy}}{M_{ry}}\right) < 1.0$

  $\dfrac{P_u}{P_r} \geq 0.2$ $\dfrac{P_u}{P_r} + \dfrac{8}{9}\left(\dfrac{M_{ux}}{M_{rx}} + \dfrac{M_{uy}}{M_{ry}}\right) < 1.0$

> 그림과 같은 단면을 갖는 길이 L=12m인 콘크리트충전 강관 합성기둥의 안전성을 하중저항계수 설계법에 이해 검토하시오. 단, 합성단면의 공칭강도 계산시 소성응력 분포법을 사용하며, 안전성은 휨과 압축에 관한 상관식을 사용한다.
> (99회 3-4)

(조건)

작용 하중	계수축하중 P_u = 5,000 kN		계수휨모멘트	M_u = 700 kN·m
사용 재료	• 강재 SM490 항복강도 F_y= 325 MPa 탄성계수 E_s= 205 GPa		인장강도	F_u= 490 MPa
	• 콘크리트 설계기준강도 f_{ck}= 50 MPa		탄성계수	E_c = 32 GPa
단면 상수	총 단면적 $A_g = 3,025 cm^2$		총단면 2차모멘트	$I_g = 762,552 cm^4$
	콘크리트 단면적 $A_c = 2,809 cm^2$		콘크리트 단면 2차모멘트	$I_c = 657,540 cm^4$
	강재 단면적 $A_s = 216 cm^2$		강재 단면 2차모멘트	$I_s = 105,012 cm^4$

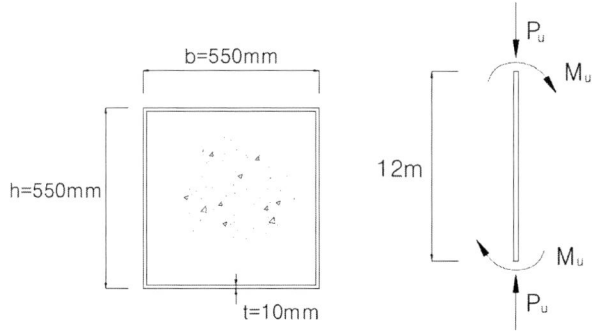

1) 2차모멘트계산(Nonsway 조건)

$$M_u = B_1 M_{nt} = 1.0(700) = 700 kN.m$$

$$B_1 = \frac{C_m}{1-\dfrac{P_u}{P_e}} = \frac{0.2}{1-\dfrac{500}{1.0(25,426)}} = 0.204 < 1.0 \rightarrow 1.0 \text{적용}$$

$$EI_{eff} = E_s I_s + C_3 E_c I_c = 205 \times 10^3 (105{,}012 \times 10^4)$$
$$+ 0.74(657{,}540 \times 10^4)(32 \times 10^3)$$
$$= 37{,}098 \times 10^7 kN.mm^2$$

$$C_3 = 0.6 + 2\left(\frac{A_s}{A_c + A_s}\right) = 0.6 + 2\left(\frac{216}{2{,}809 + 216}\right) = 0.74 < 0.9\,(O.K)$$

$$P_e = \frac{\pi^2 EI_{eff}}{(kl)^2} = \frac{\pi^2 (37{,}098 \times 10^7)}{(12 \times 10^3)^2} = 25{,}426\,kN$$

2) 압축력을 받는 충전형 합성부재 압축강재요소의 폭 두께비 제한 검토

압축력을 받는 충전형 합성부재 압축 강재요소의 폭두께비 제한 (5.8.2.2에 사용)

구분	폭두께비	λ_p 조밀/비조밀	λ_r 비조밀/세장	λ_{max} 최대허용
각형강관[1]	b/t	$2.26\sqrt{\dfrac{E}{F_y}}$	$3.00\sqrt{\dfrac{E}{F_y}}$	$5.00\sqrt{\dfrac{E}{F_y}}$
원형강관	D/t	$\dfrac{0.15E}{F_y}$	$\dfrac{0.19E}{F_y}$	$\dfrac{0.31E}{F_y}$

주1) 사각형 강관 및 두께가 일정한 용접 사각형 강관을 나타냄

$$\lambda_p = 2.26\sqrt{\frac{E}{F_y}} = 2.26\sqrt{\frac{205{,}000}{325}} = 56.76$$

$$\lambda_r = 3.0\sqrt{\frac{E}{F_y}} = 3.0\sqrt{\frac{205{,}000}{325}} = 75.35$$

$$\lambda_{max} = 5.0\sqrt{\frac{E}{F_y}} = 5.0\sqrt{\frac{205{,}000}{325}} = 125.58$$

$$\lambda_w = \frac{550}{10} = 55.0 < \lambda_p \Rightarrow 조밀단면$$

$$\lambda_f = \frac{275}{10} = 27.5 < \lambda_p \Rightarrow 조밀단면$$

3) 구조제한 검토

$$\frac{A_s}{A_g} = \frac{216}{3,025} = 0.071 > 0.01 \therefore O.K$$

4) 축압축강도계산

$$P_{no} = F_s A_s + C_2 f_{ck} A_c = 352(216 \times 10^3) + 0.85(50)(2809 \times 10^2)$$
$$= 18,958 kN$$

$$\frac{P_{no}}{P_e} = \frac{18,958}{25,426} = 0.74 < 2.25$$

$$P_r = \phi_c 0.658^{\frac{P_{no}}{P_e}} P_{no} = 0.75(0.658^{0.74})(18,958) = 10,387 kN$$

5) 휨강도계산

$$y_c = \frac{10(550)(550/2 - 50) + 2(550/2 - 10)^2(1/2)(10)}{A_s/2}$$
$$= \frac{10(550)(550/2 - 50) + 2(550/2 - 10)^2(1/2)(10)}{21,600/2} = 202.5 mm$$

$$M_p = f_y \frac{A_s}{2}\left(\frac{550}{2} - y_c\right)(2) + 0.85 f_{ck} \frac{A_c}{2}(550 - 20)/2$$
$$= 325 \frac{21,600}{2}\left(\frac{550}{2} - 202.5\right)(2) + 0.85(50)\frac{2,809 \times 10^2}{2}(550 - 20)/2$$
$$= 2,090 kN.m$$

$$M_r = \phi_f M_p = 0.9(2,090) = 1881 kN.m$$

6) 안전성검토

$$\frac{P_u}{P_r} = \frac{5,000}{10,387} = 0.481 > 0.2$$

$$\frac{P_u}{P_r} + \frac{8}{9}\frac{M_u}{M_r} = 0.481 + \frac{8}{9}\frac{700}{1,881} = 0.81 < 1.0 \therefore O.K$$

그림과 같이 중심축하중을 받는 길이 L=5.0m(양단힌지)인 교각용 콘크리트 충전합성기둥의 설계 강도 P_d를 강구조 설계기준(하중저항계수설계법)에 의해 구하시오.

(103회 2-5)

[조건] 콘크리트의 설계기준압축강도 $f_{ck} = 21 MPa$

강재의 항복강도 $f_y = 245 MPa$

콘크리트의 탄성계수 $E_c = 24,900 MPa$

강재의 탄성계수 $E = 205,000 MPa$

강재의 두께 $t = 8mm$

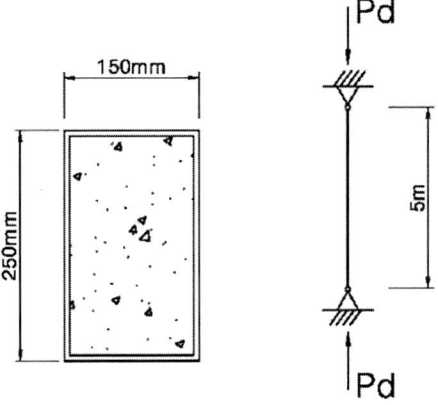

1) 압축력을 받는 충전형 합성부재 압축강재요소의 폭 두께비 제한 검토

압축력을 받는 충전형 합성부재
압축 강재요소의 폭두께비 제한 (강·설 표 5.8.1.4-1)

구 분	폭두께비	λ_p 조밀/비조밀	λ_r 비조밀/세장	λ_{max} 최대허용
각형강관[1]	b/t	$2.26\sqrt{\dfrac{E}{F_y}}$	$3.00\sqrt{\dfrac{E}{F_y}}$	$5.00\sqrt{\dfrac{E}{F_y}}$
원형강관	D/t	$\dfrac{0.15E}{F_y}$	$\dfrac{0.19E}{F_y}$	$\dfrac{0.31E}{F_y}$

주 1) 사각형 강관 및 두께가 일정한 용접 사각형 강관을 나타냄

$$\lambda_p = 2.26\sqrt{\frac{E}{F_y}} = 2.26\sqrt{\frac{205,000}{245}} = 65.37$$

$$\lambda_r = 3.0\sqrt{\frac{E}{F_y}} = 3.0\sqrt{\frac{205,000}{245}} = 86.78$$

$$\lambda_{\max} = 5.0\sqrt{\frac{E}{F_y}} = 5.0\sqrt{\frac{205,000}{245}} = 144.63$$

$$\lambda_w = \frac{250}{8} = 31.25 < \lambda_p \Rightarrow 조밀단면$$

$$\lambda_f = \frac{150}{8} = 18.75 < \lambda_p \Rightarrow 조밀단면$$

2) 구조제한 검토

$A_g = 250 \times 150 = 37,500 mm^2$

$A_s = 250 \times 150 - (250-16)(150-16) = 6,144 mm^2$

$\dfrac{A_s}{A_g} = \dfrac{6,144}{37,500} = 0.163 > 0.01 \therefore O.K$

3) 압축강도 산정

① 강축(조밀단면)

- $P_{no} = P_p$

$$P_p = F_y A_s + C_2 f_{ck}\left(A_c + A_{sr}\frac{E_{sr}}{E_c}\right)$$

$C_2 = 0.85$(사각단면), $A_c = A_g - A_s = 37,500 - 6,144 = 31,356 mm^2$

$\therefore P_p = 245(6,144) + 0.85(21)(31,356) = 2,064,984 N$

- $P_e = \dfrac{\pi EI_{eff}}{(kl)^2}$

   $EI_{eff} = E_s I_s + E_{sr} I_{sr} + C_3 E_c I_c$
   $= 205,000(52,235,072) + 0.9(24,900)(143,077,428) = 1.392 \times 10^{13}$

   $I_s = \dfrac{150(250)^3}{12} - \dfrac{(150-16)(250-16)^3}{12} = 52,235,072 mm^4$

   $I_c = \dfrac{(150-16)(250-16)^3}{12} = 143,077,428 mm^4$

   $C_3 = 0.6 + 2\left(\dfrac{A_s}{A_c + A_s}\right) = 0.6 + 2\dfrac{6,144}{37,500} = 0.92 > 0.9 \Rightarrow C_3 = 0.9$

   $\therefore P_e = \dfrac{\pi^2 \times 1.392 \times 10^{13}}{(5,000)^2} = 5,493 \times 10^3 N$

- P_n

   $\dfrac{P_{no}}{P_e} = \dfrac{2,064,954}{5,493 \times 10^3} = 0.376 < 2.25$

   $P_n = P_{no} 0.658^{\frac{P_{no}}{P_e}} = 2,064 \times 0.658^{0.376} = 1,764 kN$

- $P_r = \phi_c P_n = 0.75 \times 1,764 = 1,323 kN$

② 약축(조밀단면)

- $P_{no} = P_p$

   $P_p = F_y A_s + C_2 f_{ck}\left(A_c + A_{sr} \dfrac{E_{sr}}{E_c}\right)$

   $C_2 = 0.85 (사각단면), A_c = A_g - A_s = 37,500 - 6,144 = 31,356 mm^2$

   $\therefore P_p = 245(6,144) + 0.85(21)(31,356) = 2,064,984 N$

- $P_e = \dfrac{\pi EI_{eff}}{(kl)^2}$

$$EI_{eff} = E_s I_s + E_{sr} I_{sr} + C_3 E_c I_c$$
$$= 205,000(23,393,472) + 0.9(24,900)(46,919,028) = 5.847 \times 10^{12}$$

$$I_s = \dfrac{250(150)^3}{12} - \dfrac{(250-16)(150-16)^3}{12} = 23,393,472 mm^4$$

$$I_c = \dfrac{(250-16)(150-16)^3}{12} = 46,919,028 mm^4$$

$$C_3 = 0.6 + 2\left(\dfrac{A_s}{A_c + A_s}\right) = 0.6 + 2\dfrac{6,144}{37,500} = 0.92 > 0.9 \Rightarrow C_3 = 0.9$$

$$\therefore P_e = \dfrac{\pi^2 \times 5.847 \times 10^{13}}{(5,000)^2} = 2,308 \times 10^3 N$$

- P_n

$$\dfrac{P_{no}}{P_e} = \dfrac{2,064,954}{2,308 \times 10^3} = 0.895 < 2.25$$

$$P_n = P_{no} 0.658^{\dfrac{P_{no}}{P_e}} = 2,064 \times 0.658^{0.895} = 1,420 kN$$

- $P_r = \phi_c P_n = 0.75 \times 1,420 = 1,065 kN$

그림과 같이 중심축하중을 받는 길이 L=10.0m(양단힌지)인 교각용 콘크리트 충전합성기둥의 설계 강도 P_d를 강구조 설계기준(하중저항계수설계법)에 의해 구하시오(단, 극한한계상태로 가정하며, 콘크리트의 설계기준강도 $f_{ck} = 27MPa$, 강재의 항복강도 $f_y = 315MPa$ (강종 : STK490), 콘크리트의 탄성계수 $E_c = 26,700MPa$, 강재의 탄성계수 $E_s = 205,000MPa$, 기둥 외경 $D = 300mm$, 강재 두께 $t = 10mm$이다.)

(105회 2-1)

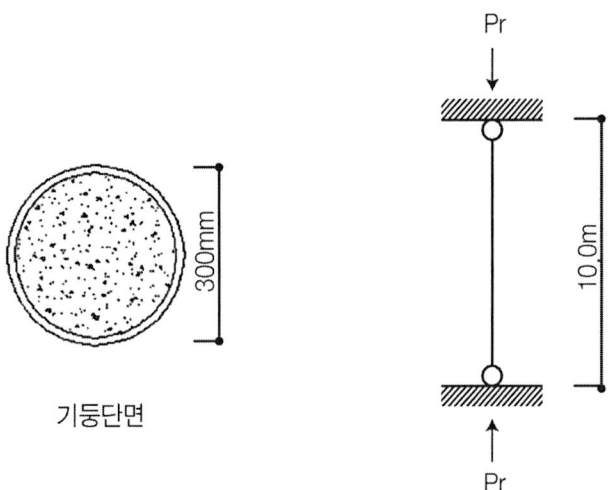

기둥단면

1) 압축력을 받는 충전형 합성부재 압축강재요소의 폭 두께비 제한 검토

압축력을 받는 충천형 합성부재 압축 강재요소의
폭두께비 제한 (강·설 표 5.8.1.4-1)

구 분	폭두께비	λ_p 조밀/비조밀	λ_r 비조밀/세장	λ_{max} 최대허용
각형강관[1]	b/t	$2.26\sqrt{\dfrac{E}{F_y}}$	$3.00\sqrt{\dfrac{E}{F_y}}$	$5.00\sqrt{\dfrac{E}{F_y}}$
원형강관	D/t	$\dfrac{0.15E}{F_y}$	$\dfrac{0.19E}{F_y}$	$\dfrac{0.31E}{F_y}$

주 1) 사각형 강관 및 두께가 일정한 용접 사각형 강관을 나타냄

$$\lambda_p = \frac{0.15E}{F_y} = \frac{0.15(205,000)}{315} = 97.6$$

$$\lambda = \frac{D}{t} = \frac{300}{10} = 30 \ < \ \lambda_p \Rightarrow 조밀단면$$

2) 구조제한 검토

$$A_g = \frac{\pi D^2}{4} = \frac{\pi (300)^2}{4} = 70,686 mm^2$$

$$A_s = \frac{\pi D^2}{4} - \frac{\pi D_i^2}{4} = \frac{\pi (300)^2}{4} - \frac{\pi (280)^2}{4} = 70,686 - 61,576 = 9,111 mm^2$$

$$\frac{A_s}{A_g} = \frac{9,111}{70,686} = 0.129 > 0.01 \therefore O.K$$

3) 압축강도 산정

- $P_{no} = P_p$

$$P_p = F_y A_s + C_2 f_{ck}\left(A_c + A_{sr}\frac{E_{sr}}{E_c}\right)$$

$$C_2 = 0.85\left(1 + 1.56\frac{tF_y}{D_c f_{ck}}\right) = 0.85\left(1 + 1.56\frac{10(315)}{280(27)}\right) = 1.4$$
$$A_c = A_g - A_s = 70,686 - 9,111 = 61,575 mm^2$$

$$\therefore P_p = 315(9,111) + 1.4(27)(61,575) = 5,197.19 kN$$

- $P_e = \dfrac{\pi EI_{eff}}{(kl)^2}$

$$EI_{eff} = E_s I_s + E_{sr} I_{sr} + C_3 E_c I_c$$
$$= 205,000(95,889,262) + 0.858(26,700)(301,718,559) = 2.657 \times 10^{13}$$

$$I_s = \frac{\pi (300)^4}{64} - \frac{\pi (280)^4}{64} = 95,889,262 mm^4$$

$$I_c = \frac{\pi (280)^4}{64} = 301,718,559 mm^4$$

$$C_3 = 0.6 + 2\left(\frac{A_s}{A_c + A_s}\right) = 0.6 + 2\left(\frac{9,111}{61,575 + 9,111}\right) = 0.858 < 0.9 \Rightarrow C_3 = 0.858$$

$$\therefore P_e = \frac{\pi^2 \times 1.392 \times 10^{13}}{(5,000)^2} = 5,493 \times 10^3 N$$

- P_n

$$\frac{P_{no}}{P_e} = \frac{5,197,190}{2,622 \times 10^3} = 1.98 < 2.25$$

$$P_n = P_{no} 0.658^{\frac{P_{no}}{P_e}} = 5,197.19 \times 0.658^{1.98} = 2,269 kN$$

- $P_r = \phi_c P_n = 0.75 \times 2,269 = 1,701 kN$

2.3 교량용 거더의 설계

2.3.1 강교의 설계절차

> 강교의 합성단면 설계절차와 설계시 주요 고려사항에 대해 설명하시오.

1) 설계하중 산정 및 구조해석

① 하중산정

- DC, DW하중에 대한 합성전후 단계별 재하하중 산정
- KL-510 차량하중, 차선하중, 차량하중*0.75+차선하중 조합
- 충격하중

② 유효폭 산정 및 단면상수계산

- 유효폭을 고려한 단면상수 및 전체단면을 고려한 단면상수 산정
- 소성중립축 및 단면의 소성모멘트 계산

③ 프로그램을 이용한 구조해석

2) 주거더 설계

(1) 극한한계상태 검토

한계상태설계법에서는 단면의 항복이후 소성영역까지 사용범위를 확대하여 조밀단면의 경우 소성모멘트와 작용모멘트를 비교하여 안전성을 평가하며, 비조밀 단면은 항복응력을 기준으로 작용응력과 비교하여 안전성을 평가한다.

① 단면 조밀/비조밀 여부 결정

- 복부판, 압축플랜지 세장비 검토, 상관관계 검토
- 연성확보 검토

② 조밀/비조밀에 따라 강도 및 응력 검토
- 정모멘트 받는 합성조밀단면
- 부모멘트 단면, 비조밀단면
- 곡선교 및 복부 수평보강재 사용시 비조밀 단면

③ 인장력장을 고려한 전단검토
- 보강, 비보강 복부판의 공칭강도
- 수직보강재 검토

(2) 사용한계상태 검토

사용한계상태는 영구처짐에 대한 검토로 사용한계상태하중조합Ⅱ에 대하여 항복에 이르지 않도록 일정의 안전마진을 두어 안전성을 확보한다.

(3) 시공성 검토

합성 및 비합성 단면에 대한 안전을 검토하여야 한다. 시공단계에서는 항복이 허용되지 않으며, 복부의 후좌굴강도도 고려하지 않는다.

(4) 피로한계상태 검토

피로하중을 적용하여 하중유발피로와 변형유발피로에 대한 안전성 검토를 수행, 변형유발 피로는 고정하중과 합성으로 검토하며, 복부의 후좌굴강도는 고려하지 않는다.

3) 이음부 설계

(1) 배치 간격 검토
- 볼트의 최대 및 최소 간격검토
- 볼트의 최대 및 최소 연단거리검토

(2) 각 한계상태에 대한 설계 단면의 단면력 산정

① 플랜지 설계하중 계산(인장부는 유효단면으로 응력산정)
- 모재강도의 75% 와 발생응력 및 모재강도의 평균값 중 큰 값을 설계하중으로 결정

② 복부의 설계하중 계산
- 복부판 이음점에서의 전단력, 전단력의 편심작용으로 인한 모멘트, 이음점에서 복부판이 분담해야 하는 휨모멘트에 대해 설계(실 작용력으로 검토)

(3) 각 한계상태에 대한 안전성 검토

① 시공중 마찰이음 검토
② 사용한계상태 하중조합 II에 대한 마찰이음 검토
③ 극한한계상태 하중조합에 대한 검토
- 볼트의 전단강도 검토
- 이음판의 항복 및 파단 검토
- 블록 전단 파괴 검토
- 모재 볼트구멍의 지압파괴

4) 부부재 설계
- 전단연결재, 지점보강재, 다이아프램, 가로보, 수평 브레이싱 설계

5) 반력산정 및 처짐 검토
- 사용 및 극한한계상태에 대한 받침안정성검토
- 부반력 검토
- 활하중에 대한 처짐 검토
- 고정하중에 대한 캠버도 작성

2.3.2 유효폭 산정

> 강교설계 시 전단지연 현상과 유효폭 산정 시 주의사항에 대하여 설명하시오.
> (75회 1-2, 108회 4-2)

1) 전단지연 현상과 유효폭

부재의 한 지점에 힘이 가해지면 힘이 가해진 부위로 부터 가장 자리로 전단에 의한 힘의 전달이 이루어진다. 이 때 힘이 가해진 지점으로 부터 거리가 멀어질수록 전달되는 힘이 적어지게 되는데 이를 전단지연(shear lag)라 한다. 이렇게 전단지연이 발생하는 것은 플랜지의 전단강성이 무한하지 않기 때문이다.

일반적으로 거더교에서 전단력은 복부판을 통해 전달되고 이때 플랜지에 전달되는 힘은 복부판에서 멀어질수록 작아짐으로 복부를 중심으로 전단 변형이 크게 발생하고 단부에서는 작게 발생하여 플랜지에 응력 부등분포 현상이 발생한다. 설계에서는 이를 고려하기 위해 유효폭 개념을 도입하고 있다.

전단에 의해 발생하는 응력의 부등분포 현상을 고려하여 플랜지 전폭에 발생하는 응력의 합을 최대응력이 균등하게 발생한다고 가정하여 최대응력으로 나눈 값을 유효폭으로 정의하여 응력을 검토함으로써 단면의 안전성을 확보하는 것이다.

전단력이 크게 작용하는 지점부에서는 응력의 부등분포현상 커지게 되므로 유효폭이 작아지고 전단력이 작은 지간중앙에서는 유효폭이 커진다.

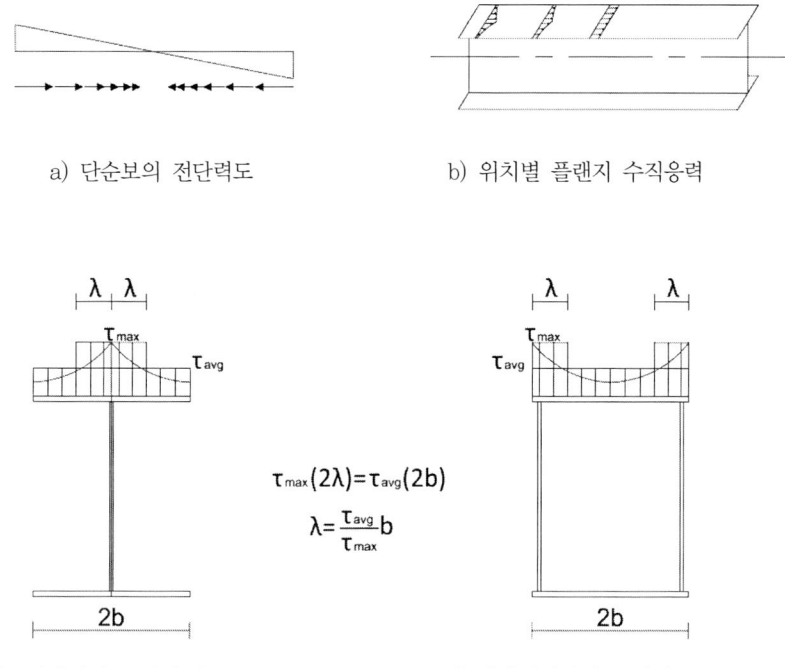

그림 2-2 | I형 단면과 상자형 단면의 플랜지 유효폭

2) 유효폭 산정시 주의사항

도로교설계기준(한계상태설계법) 2016에서는 강재에 대해 플랜지의 폭이 지간장의 1/5를 초과하지 않는다면 다중 박스거더 및 단일 박스거더 단면의 플랜지폭 전체를 휨에 대한 유효폭으로 간주한다. 하지만, 이는 국내에 비해 단면을 작게 사용하는 미국의 경우는 큰 문제가 되지 않지만, 상대적으로 큰 단면을 사용하는 국내에서는 오차가 커져 안전측 설계가 되지 못하므로, 기존의 유효폭 계산식을 사용하는 것도 괜찮은 방법이라 생각된다.

2.3.3 횡비틀림 좌굴과 국부좌굴을 고려한 압축플랜지 강도 산정

▎개구제형 거더의 합성전 압축플랜지의 강도산정 방법에 대해 설명하시오.

한계상태설계법에서 압축부재는 단면전체가 소성에 이르기 전에 단면을 이루는 요소의 좌굴이 발생하는 단면을 세장비에 따라 비조밀단면, 세장단면으로 나누고 그에 따른 강도감소효과를 반영하며, 지지점간 발생하는 횡비틀림 좌굴을 고려한 강도와 비교하여 작은 값을 설계강도로 사용한다. 개구제형의 정모멘트 구간 상부플랜지는 합성 후에는 바닥판에 의해 구속되므로 좌굴이 방지되지만 가설 중에는 이러한 좌굴을 고려한 검토가 필요하다.

1) 국부좌굴 강도

전체좌굴에 대해서는 복부로 지지된 압축플랜지는 플랜지의 폭두께비에 따른 국부좌굴로 인해 강도감소가 발생하며, 다음과 같이 폭두께비에 따라 조밀, 비조밀, 세장단면 구분된다. 조밀단면은 전단면이 항복에 이를 때까지 국부좌굴이 발생하지 않으며, 세장단면은 국부좌굴의 발생으로 탄성좌굴강도식을 따라 강도를 산정한다. 또 그 사이의 비조밀 단면은 잔류응력이나, 편심효과 등으로 좌굴강도가 감소되는 비탄성 좌굴강도식을 따르게 된다.

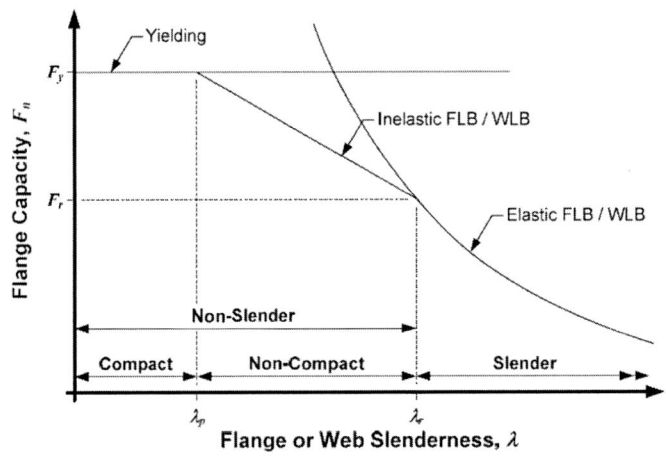

그림 2-3 | 국부좌굴을 고려한 압축플랜지의 강도곡선

$\lambda \le \lambda_{pf}$ 인 경우,

$F_{nc} = R_b R_h F_{yc}$

그 밖의 경우,

$$F_{nc} = \left[1 - \left(1 - \frac{F_{yr}}{R_h F_{yc}}\right)\left(\frac{\lambda - \lambda_{pf}}{\lambda_{rf} - \lambda_{pf}}\right)\right] R_b R_h F_{yc}$$

여기서, λ(압축플랜지의 세장비)=$\dfrac{b_f}{2t_f}$

λ_{pf}(조밀단면 플랜지의 세장비 한계)=$0.38\sqrt{\dfrac{E}{F_{yc}}}$

λ_{rf}(비조밀단면 플랜지의 세장비 한계)=$0.56\sqrt{\dfrac{E}{F_{yr}}}$

여기서, F_{yr} : 잔류응력의 영향을 포함한 공칭항복강도에 도달할 때 압축플랜지 응력, 압축플랜지 횡방향 휨은 고려치 않으며, $0.7F_{yc}$와 F_{yw} 가운데 작은 값이지만 $0.5F_{yc}$ 이상이어야 한다.

2) 횡비틀림 좌굴강도

종이를 세워서 정면으로 들게 되면 면이 한쪽으로 비틀리며 접히게 되는데, 판재는 압축을 받을 때 이런 식으로 비틀리면서 좌굴이 발생할 수 있으며 이를 횡비틀림 좌굴이라 한다. 이는 압축부에 대한 지지거리(L_b)의 영향을 받으며, 지지거리(L_b)에 따라 강도가 변하게 된다.

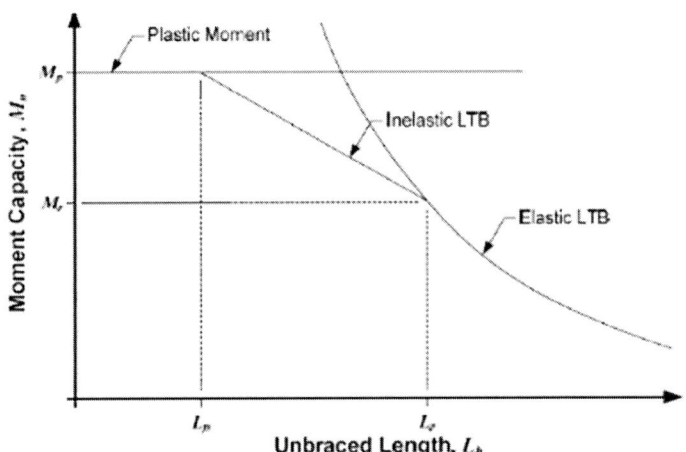

그림 2-4 | 횡비틀림 좌굴을 고려한 압축플랜지의 강도 곡선

$L_b \leq L_p$ 인 경우

$F_{nc} = R_b R_h F_{yc}$

$L_p < L_b \leq L_r$ 인 경우

$F_{nc} = C_b \left[1 - \left(1 - \dfrac{F_{yr}}{R_h F_{yc}} \right) \left(\dfrac{L_b - L_p}{L_r - L_p} \right) \right] R_b R_h F_{yc} \leq R_b R_h F_{yc}$

여기서, $C_b = 1$(브레이싱이 없는 캔틸레버나 $f_{mid}/f_2 > 1$ 또는 $f_2 = 0$ 인 부재)

$C_b = 1.75 - 1.05 \left(\dfrac{f_1}{f_2} \right) + 0.3 \left(\dfrac{f_1}{f_2} \right)^2 \leq 2.3$(그 밖의 모든 경우)

$L_b > L_r$ 인 경우

$$F_{nc} = F_{cr} \leq R_b R_h F_{yc}$$

여기서, L_b : 비지지길이(mm)

$L_p = 1.0 r_t \sqrt{\dfrac{E}{F_{yc}}}$: 소성거동을 보장하는 비지지길이 한계

$L_r = \pi r_t \sqrt{\dfrac{E}{F_{yr}}}$: 비탄성 횡비틀림좌굴을 보장하는 비지지길이 한계

$F_{cr} = \dfrac{C_b R_b \pi^2 E}{(L_b / r_t)^2}$: 탄성 횡비틀림좌굴응력 비지지길이 한계

$r_t = \dfrac{b_{fc}}{\sqrt{12\left(1 + \dfrac{1}{3}\dfrac{D_c t_w}{b_{fc} t_{fc}}\right)}}$

: 압축플랜지와 압축을 받는 웨브 높이1/3을 합한 면적의 연직축에 대한 유효회전반경(mm)

2.3.4 소성모멘트

다음 플레이트 거더교 정모멘트부의 합성단면이 다음과 같을 때 소성모멘트를 계산하시오(단, 상부플랜지, 하부플랜지 및 복부판의 항복강도 $f_y = 380MPa$, 배근된 종방향 철근은 H16(A_r=198.6mm^2)이고 피복두께는 50mm, 철근간격은 200mm, 철근의 항복강도 $f_{yr} = 400MPa$, 산정된 슬래브의 유효폭은 3,400mm, 슬래브 콘크리트의 설계기준 압축강도는 $35MPa$, 소성모멘트 계산시 헌치부 단면적은 무시하며, 그림의 치수 단위는 mm이다.)

(104회 3-4)

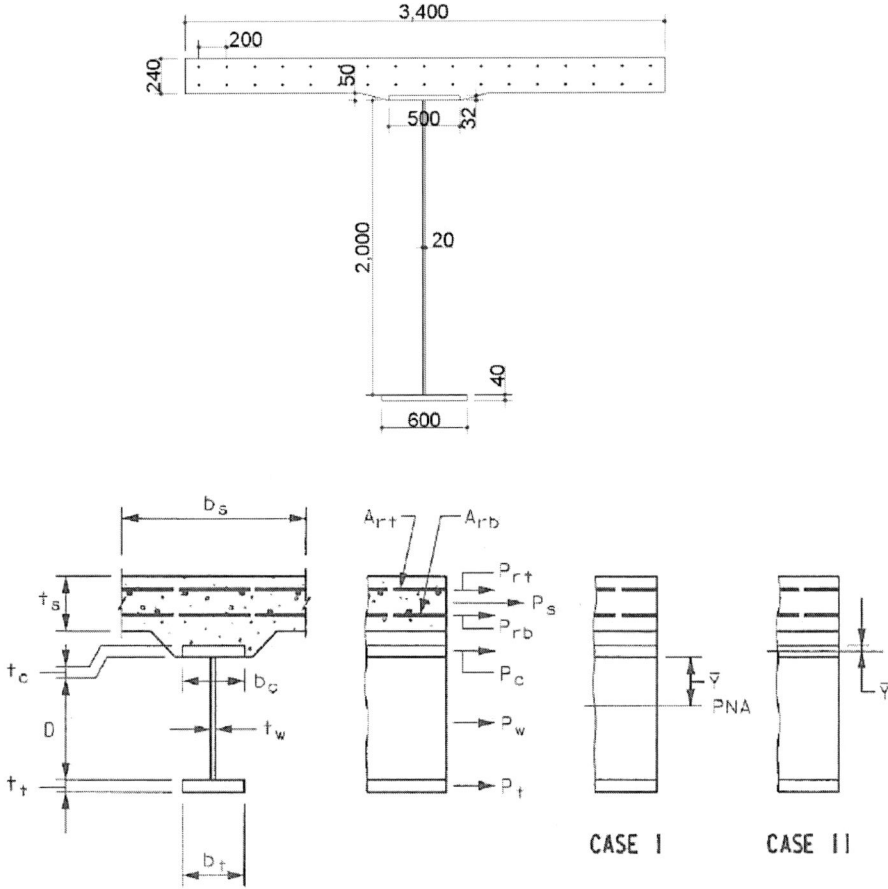

1) 단면위치별 축력계산

$P_{rt} = F_{yr} \times A_r = 400 \times 17 \times 2 \times 198.6 = 2,700,960 N$

$P_s = 0.85 f_{ck} b_s t_s = 0.85 \times 35 \times 3400 \times 240 = 24,276,000 N$

$P_{cs} = F_y b_c t_c = 380 \times 500 \times 32 = 6,080,000 N$

$P_{ts} = F_y b_t t_t = 380 \times 600 \times 4 = 9,120,000 N$

$P_w = F_y D t_w = 380 \times 2,000 \times 20 = 15,200,000 N$

2) 중립축 위치 계산

① 소성중립축이 복부에 위치하는 것으로 가정

$P_t + P_w \geq P_{rt} + P_s + P_c$

$P_t + P_w = 9,120,000 + 15,200,000 = 24,320,000 N$

$\leq P_{rt} + P_s + P_t = 2,700,960 + 24,276,000 + 6,080,000 = 33,056,960 N$

⇒ 가정 위배

② 소성중립축이 상부플랜지에 위치하는 것으로 가정

$P_t + P_w + P_c \geq P_{rt} + P_s$

$P_t + P_w + P_c = 9,120,000 + 15,200,000 + 6,080,000 = 30,400,000 N$

$\leq P_{rt} + P_s = 2,700,960 + 24,276,000 = 26,976,960 N$ ⇒ 가정 만족

$P_{rt} + P_s + P_c(y/t_c) = P_w + P_t + P_c(1 - y/t_c)$

$P_c(2y/t_c - 1) = P_w + P_t - P_{rt} - P_s$

$y = \dfrac{t_c}{2}\left(\dfrac{P_w + P_c - P_{rt} - P_s}{P_c} + 1\right)$

$= \dfrac{32}{2}\left(\dfrac{15,200,000 + 9,120,000 - 2,700,960 - 24,276,000}{6,080,000} + 1\right) = 9 mm$

3) 소성모멘트 계산

$$M_p = P_{rt}(d_r) + P_{slab}(d_s) + P_w(d_w) + P_t(d_t) + P_c(y/t_c)(y/2) + P_c(1-y/t_c)^2/2$$
$$= 2,700,960(120+50-32+9) + 24,276,000(120+50-32+9)$$
$$+ 12,200,000(9+1,000) + 9,120,000(9+2,000+20)$$
$$+ 6,080,000 \frac{1}{2\times 32}(9^2 + (32-9)^2)$$
$$= 37,864\,kN.m$$

2.3.5 합성단면의 설계

| 강교 합성단면의 조밀단면 적용조건에 대해 설명하시오.

1) 정의

도로교설계기준 2010에서는 강재 단면의 일부가 항복에 이르는 상태를 재료의 사용가능한 최종상태로 규정하였으나, 한계상태설계법에서는 단면의 전체가 항복에 이르는 소성상태까지 사용영역을 확대하였다. 하지만 단면 전체가 항복에 이르는 소성힌지상태에 이르기 전에 단면을 이루는 재편의 부분적 좌굴이 먼저 발생하게 되면 소성모멘트에 이르지 못하고 파괴되는데 이런 단면을 비조밀 단면으로 구분하고 있다.

2) 적용조건

소성모멘트에 대한 연구범위의 제한으로 인해 소성모멘트를 적용할 수 있는 단면은 제한적이다. 적용 조건을 만족하더라도 복부의 조밀단면 규정을 만족해야 하는데 정모멘트 구간은 중립축의 상승으로 인해 소성모멘트 적용시 압축측 복부높이가 작으므로 규정을 만족시키기가 쉽지만 부모멘트부는 일반적인 경우 만족시키기 어렵다. 강구조설계기준 2014년에서는 복잡하지만 잘 사용되지 않는 부모멘트부 공칭휨강도 계산과정을 부록편으로 옮겨 수록하여 본문의 설계흐름을 단순화하였다.

정모멘트 구간에서 합성 단면은 다음의 조건을 만족하면 조밀로 간주될 수 있다.

- 수평곡선 거더는 비조밀 단면으로 간주한다.
- 강거더 플랜지의 최소항복강도가 $455MPa$를 초과하지 않는다.
- 거더 평면 형상이 사각 20°이하의 직선인 경우
- 활하중 분배계수 적용 특별제한조건을 만족해야 한다.(박스거더)
- 플랜지 전폭이 유효해야한다.(박스거더)
- 인장플랜지에 구멍이 뚫린 경우(현장이음부)는 적용되지 않음
- 수평보강재가 없으며 복부판은 다음의 요구조건을 만족한다.

$$D/t_w \leq 150$$

- 단면은 다음의 복부판 세장 한계를 만족한다.

$$\frac{2D_{cp}}{t_w} \leq 3.76\sqrt{\frac{E}{F_{yc}}}$$

여기서,
D_{cp} = 강재 빔이 완전히 항복되었다고 가정한 소성모멘트의 압축측의 복부판 깊이(mm)

박스거더의 부모멘트 구간에서는 조밀조건은 적용되지 못하며, 다음조건을 만족하는 플레이트거더 단면은 부록에 명시된 조밀 또는 비조밀 웨브단면의 규정에 따라 설계할 수 있다.

- 강거더 플랜지의 최소항복강도가 $455MPa$를 초과하지 않는다.
- 웨브가 비조밀단면 세장비 한계를 만족하며

$$\frac{2D_c}{t_w} \leq 5.7\sqrt{\frac{E}{F_{yc}}}$$

- 플랜지가 아래의 비율을 만족하는 단면

$$\frac{I_{yc}}{I_{yt}} \geq 0.3$$

여기서, D_c : 탄성범위 내에서 웨브의 압축 측 높이(mm)
I_{yc} : 웨브 중심선의 수직축에 관한 압축플랜지의 단면2차모멘트(mm^4)
I_{yt} : 웨브 중심선의 수직축에 관한 인장플랜지의 단면2차모멘트(mm^4)

강교 합성단면의 연성 요구조건에 대해 설명하시오.

합성단면이 소성모멘트에 도달하기 이전에 콘크리트 바닥판에 미리 파손이 일어나서는 안 된다. AASHTO(1995)에서는 다음과 같이 연성 요구조건식을 제시한다.

$$\frac{D_p}{D'} \leq 5, \ D' = \beta\frac{d+t_s+t_h}{7.5}$$

여기서, D_p = 콘크리트 슬래브 상단에서 소성모멘트 중심까지 거리(mm)
$\beta = 0.9(F_y = 240MPa), 0.7(F_y = 360MPa), 0.7(F_y = 460MPa)$
d = 강재단면 높이(mm)
t_s = 콘크리트 슬래브 두께(mm)
t_h = 콘크리트 헌치 두께(mm)

여기서 D'은 슬래브 연단이 극한변형률(0.003)에 도달했을 때 단면이 M_p에 도달하는 경우의 중립축 높이로 D_p가 D'보다 크게 되면 단면이 M_p에 이르지 못한 상태에서 파괴에 이르게 되므로 감소율을 적용한다. D_p가 $5D'$일 때 단면은 M_y에 도달하게 되므로 이보다 크면 슬래브가 먼저 파괴하게 되어 취성파괴가 발생하므로 이를 방지하기 위해 D_p가 $5D'$보가 커지도록 연성비 제한 규정을 두었다.

강구조설계기준에서는 아래식과 같이 연성비 제한 규정을 두었으며, 이 식은 D' 산정시 사용되는 일부 변수들을 일정 값으로 입력하고 합성단면 전체 높이인 D_t의 식으로 나타낸 것이다. $\beta = 0.75$로 가정한 다면, D_p/D_t는 0.5가 되겠지만 보수적으로 0.42로 제시하였다.

$$D_p \leq 0.42 D_t$$

| 강교의 합성단면의 정모멘트부의 공칭휨강도(M_n) 산정방법에 대해 설명하시오.

합성단면의 소성 중립축 위치에 따라 달라지며, 콘크리트 바닥판이 파괴되지 않고 소성에 이를 수 있기 위해서는 콘크리트 파괴시 슬래브 상단부터 중립축까지의 거리가 작아야 하므로 안전 여유를 두어 $D_p \leq 0.1 D_t$ 인 경우 완전소성에 이를 수 있는 것으로 가정하여 다음과 같이 강도를 산정하도록 하였다.

$D_p \leq 0.1 D_t$ 일 경우

$$M_n = M_P$$

그 밖의 경우,

$$M_n = M_p \left(1.07 - 0.7 \frac{D_P}{D_t} \right)$$

연속보의 경우, 강재 보의 항복은 정의 휨단면의 유효강성을 감소시키고 휨모멘트가 정(+)의 구역에서 부(-)의 구역으로 재분배되는 원인이 된다. 따라서 부의 휨단면이 여분의 능력과 강성이 없다면, 공칭 휨강도는 다음을 초과할 수 없다.

$$M_n \leq 1.3 R_h M_y$$

강재보의 Q공식에 대해 설명하시오. (107회 1-9)

1) 정의

강재보의 부모멘트 부는 하부플랜지가 바닥판에 의해 구속되어 있지 않으므로 하부플랜지의 국부좌굴과 비지지길에서 발생하는 횡비틀림을 고려해 소성모멘트를 감소시켜야한다.

Q공식을 적용할 수 있는 요건을 만족했을 때 최소모멘트를 $0.7M_y$로 가정하고 M_P로 부터 $0.7M_y$ 구간을 보간하여 구한다.

2) Q공식 적용요건

① 복부의 조밀조건

$$\frac{2D_{cp}}{t_w} \leq 3.76\sqrt{\frac{E}{F_{yw}}}$$

② 플랜지의 조밀조건

$$\frac{b_f}{2t_f} \leq 0.382\sqrt{\frac{E}{F_{yc}}}, \ L_b = [0.124 - 0.0759]\frac{M_l}{M_p}\left(\frac{\gamma_y z}{F_{yc}}\right)$$

위 조건을 모두 만족하면 $M_n = M_p$를 적용하고, 위 조건 중 비지지 길이조건을 만족하며 다른 조건 불만족 시에는 상호작용 조건을 검토하여 만족하면 M_P를 적용하고 불만족 하면 다음조건 만족여부를 검토 후 Q공식을 적용한다.

③ Q공식 적용요건

$$\frac{2D_{cp}}{t_w} \leq 6.77\sqrt{\frac{E}{F_y}}, \ \frac{b_f}{2t_f} \leq 2.52\sqrt{\frac{E}{F_{yc}\sqrt{\frac{2D_{cp}}{t_w}}}}$$

3) Q공식

$$M_n = M_p - (M_p - 0.7M_y)\frac{Q_p - Q_{fl}}{Q_p - 0.7}$$

대칭인 경우, $Q_p = 3$

$\dfrac{b_f}{2t_f} = 0.382\sqrt{\dfrac{E}{F_y}}$ 인 경우 $Q_{fl} = \dfrac{30.5}{\sqrt{\dfrac{2D_{cp}}{t_w}}}$

Q공식은 AASHTO 2004까지만 적용된 식으로 AASHTO 2007부터는 웨브의 소성계수를 산정하는 방식으로 변경되어 강구조설계기준에서는 적용되지 않았다.

2.3.6 하이브리드 단면의 설계

하이브리드 계수(R_h)와 하이브리드 단면설계의 적용성에 대해 설명하시오.

1) 하이브리드 계수(R_h)

복부와 플랜지를 판재로 조립하여 만든 형강에서 복부의 재료강도가 플랜지의 재료강도보다 낮을 경우 복부와 플랜지의 연결부에서 복부의 항복이 먼저 발생하게 되며 플랜지는 충분한 강도발현을 할 수 없다.
따라서 복부보다 플랜지에 고강도 강재가 사용된 하이브리드 단면의 플랜지 응력감소계수를 다음 식으로 구하여 플랜지의 강도 산정시 반영해야 한다.

$$R_h = \frac{12 + \beta(3p - p^3)}{12 + 2\beta}$$

여기서, $\beta = \dfrac{2D_n t_w}{A_{fn}}$

$p = f_{yw}/f_n$과 1.0의 작은 값

A_{fn} = 플랜지 단면적과 각 방향에 위치한 플랜지 덮개판 면적의 합 (㎟). 부모멘트를 받는 합성단면인 경우 상부플랜지에 대한 A_{fn} 값은 종방향 철근단면적을 포함시킨다.

D_n = 단면의 탄성중립축으로부터 양 플랜지의 안쪽 면까지의 거리 중 큰 값 (mm). 중립축의 위치가 웨브중앙에 위치하는 경우에는 중립축으로부터 먼저 항복이 발생하는 중립축 측 플랜지 안쪽 면까지의 거리

f_n = D_n방향에 위치한 플랜지, 덮개판 또는 종방향 철근에서 처음으로 항복이 발생하는 단면의 경우에는 A_{fn} 산정 시 포함된 각 요소의 최소항복강도 (MPa). 그 밖의 경우에는 D_n과 반대방향에서 최초 항복 발생 시 D_n방향에 위치한 플랜지, 덮개판 또는 종방향 철근의 탄성응력 중 가장 큰 값

2) 하이브리드 단면의 적용성

교량의 거더와 같이 높이가 높은 형강에서 복부는 재료의 항복강도에 이르기 전에 기하적 형상에 의한 좌굴에 의해 파괴가 발생하므로 강도가 높은 재료의 사용은 비경제적일 수 있으므로 플랜지에 비해 복부는 저강도의 강종을 사용하는 것이 합리적이다. 하지만 현실적으로는 교량에 사용되는 고강도 강재는 주문시 일정량 이상의 주문생산이 이루어지므로 플랜지와 복부를 다른 강종을 사용하게 될 경우 자재 수급의 어려움이 발생할 수 있다. 고강도 강재의 사용이 일반화 된 미국의 경우 하이브리드 단면이 보편화 되어 있으며, 설계기준도 이에 부합하도록 개발되었다. 국내에서도 현장의 자재 수급여건이 만족된다면 설계자는 하이브리드 단면의 적용성을 검토해 볼 필요가 있다고 판단된다.

2.3.7 인장력장과 후좌굴 강도

> 플레이트 거더교의 인장력장(Tension Field)과 후좌굴강도(Post Buckling)에 대해 설명하고 이에 대한 설계반영방법에 대해 도로교설계기준 2010과 도로교설계기준 한계상태설계법에서의 차이를 설명하시오. (109회 1-11)

1) 플레이트 거더의 인장력장과 후 좌굴강도

압축응력 상태에 있는 모든 구조물이나 부재에서 좌굴이 검토되어야 하는 것과 마찬가지로, 복부판이 휨모멘트로 인해 압축응력 상태에 있는 경우 반드시 복부판의 국부좌굴을 검토해야 한다. 복부판에 휨응력에 의한 국부좌굴이 발생하면 휨강도를 저하시키므로 필요에 따라서는 복부판의 두께를 늘리거나, 수평보강재를 대어 좌굴강도를 높여야 한다.

그러나 플랜지가 항복응력이나 국부좌굴응력에 도달하기 이전에 복부판에 국부좌굴이 발생하는 경우에는 복부판이 분담해야 하는 휨모멘트를 플랜지가 대신 받을 수도 있으므로 복부판에서 휨응력에 의한 국부좌굴이 발생한 이후에도 판형은 추가적으로 휨모멘트를 받을 수 있다. 복부판의 좌굴시 그림 2-5 (a)와 같이 좌굴면을 따라 인장력장(Tension Field)이 발생하며 인장력장과 상하부 플랜지가 트러스를 형성하면서 추가적인 하중에 저항하게 되는데 이러한 효과를 후 좌굴강도(Post Buckling)라 한다.

(a) I형 거더의 인장력장

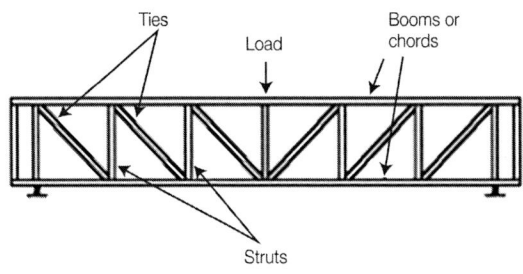

(b) 복부좌굴 후 트러스 효과

그림 2-5 | I 형거더의 인장력장과 트러스 효과

2) 설계기준별 설계반영방법

(1) 도로교설계기준 2010(허용응력 설계법)

도로교설계기준 2010에서는 복부판의 휨응력에 의한 국부좌굴을 허용하지 않는 대신 국부좌굴에 대한 안전계수를 낮추는 방법을 사용하여 이 같은 후좌굴 강도를 간접적으로 고려한다.

복부판에 순수 휨응력이 가해질 경우 탄성좌굴응력 f_{cr} 은 다음 식으로 구할 수 있다.

$$f_{cr} = k \frac{\pi^2 E}{12(1-\mu^2)\left(\frac{b}{t}\right)^2}$$

여기서, E는 탄성계수, μ는 포아송비이다. 그리고 k는 휨응력에 대한 좌굴계수로서 판요소의 형상비(a/b)와 4변에서의 경계조건에 따라 결정된다. 설계 시에는 안전측으로 형상비가 무한대인 경우로 간주한다.

수직보강재를 설계할 때 단순지지 조건을 만족하도록 하는 소요강성을 결정하기 때문에 복부판에서 수직보강재와 접하는 변의 경계조건은 단순지지로 취급한다. 그러나 플랜지와 접하는 변에서의 경계조건은 단순지지와 고정지지의 중간, 다시 말해서 탄성적으로 지지(elastically restrained)된 상태라고 말할 수 있다. 플랜지의 복부판에 대한 상대적인 강성에 따라 단순지지에 가까울 수도 있고 고정지지에 가까울 수도 있다. 도로교 설계기준 2010에서는 단순지지로 보고 $k = 23.9$를 사용했다.

$$\frac{f_{cr}}{n} = \frac{k}{n}\frac{\pi^2 E}{12(1-\mu^2)\left(\frac{b}{t}\right)^2} \leq f_a$$

여기서, n은 안전계수이고, f_a는 허용휨 인장응력이다.
이 식을 다시 쓰면 다음과 같이 된다.

$$\sqrt{\frac{k}{nf_a}\frac{\pi^2 E}{12(1-\mu^2)}} \leq \frac{b}{t}$$

도로교 설계기준 2010에서는 안전계수 n을 1.7 대신 1.4를 적용함으로써 후좌굴 강도를 간접적으로 반영하였다.

(2) 도로교설계기준 2016(한계상태 설계법)

한계상태설계법에서는 극한한계상태에 대해 복부판의 휨응력에 의한 국부좌굴을 허용하는 대신, 플랜지의 추가분담률을 고려하여 플랜지의 강도를 감소시키는 방법을 적용하고 있다.

● 후좌굴 강도를 고려한 전단강도산정

한계상태설계법에서는 전단에 의한 복부의 좌굴 발생 후 추가적으로 저항할 수 있는 힘을 고려하여 전단강도를 산정하며, 이때 주의할 점은 양 단부는 완전한 후 좌굴강도 효과가 발생하지 못하고 앵커리지 역활만 하게 되므로 전단강도 증진을 고려하지 않는다. 또 시공중 및 사용한계상태, 피로한계상태에 대해서는 부재의 항복을 허용하지 않으므로 후좌굴 강도효과를 고려하지 않는다. 다음은 복부판과 플랜지의 강성비에 따른 후좌굴 강도효과를 고려한 전단강도 식이다. 플랜지가 복부에 비해 충분한 강성을 가지지 못하면 불완전한 후좌굴 강도가 발현되므로 이를 고려해 강도증진 효과를 감소시켜야 한다.

아래식에서 C는 복부판의 국부좌굴을 고려한 강도이며 뒤에 나오는 항이 후좌굴강도를 고려한 강도증가효과를 나타낸다.

① $\dfrac{2Dt_w}{d_{fc}t_{fc} + b_{ft}t_{ft}} \leq 2.5$ 이면,

$$V_n = V_p \left[C + \dfrac{0.87(1-C)}{\sqrt{1 + (d_0/D)^2}} \right]$$

여기서, $V_p = 0.58 F_{yw} D t_w$

d_0 : 보강재 간격(mm)

V_n : 공칭전단단강도(N)

V_p : 소성전단력(N)

C : 전단항복강도에 대한 전단좌굴응력비

② 그 밖의 경우,

$$V_n = V_p \left[C + \dfrac{0.87(1-C)}{\sqrt{1 + (d_0/D)^2} + d_0/D} \right]$$

- 복부의 좌굴을 고려한 플랜지 강도저감계수 적용(R_b)

후좌굴 강도가 발현되기 위해서는 플랜지가 추가적인 힘을 받아주어야 하므로 이를 고려해 플랜지 설계시 강도를 저감시켜 설계를 하여야 한다. 따라서 극한한계상태의 압축플랜지 공칭강도는 다음과 같이 계산한다.

$$F_{nc} = R_b R_h F_{yc}$$

여기서, R_b : 웨브의 국부좌굴에 의한 플랜지 응력감소계수
       R_h : 하이브리드 단면의 플랜지 응력감소계수

2.3.8 전단설계

> 하중저항계수설계법에 의한 강구조설계기준에 따른 전단설계 과정을 설명하시오.

거더는 어떠한 보강재도 사용하지 않거나, 수직보강재만 사용하거나, 혹은 수평과 수직보강재 둘 다를 사용해서 설계될 수 있다. 특정 교량을 위해서 선정되는 거더 형식은 주로 비용과 미래의 유지관리를 고려해서 결정된다. 일반적으로 무거운 하중을 지지하는 교량의 경우 형고가 높아지게 되며 두꺼운 복부판을 사용하는 것보다는 보강재를 사용하는 것이 경제적이다. 하지만 보강재를 사용할 경우 피로에 취약해지므로 유지관리를 고려한다면 가급적 보강재를 사용하지 않거나 적은 수의 보강재를 사용하는 것이 좋을 것이다.

복부판에 보강재가 없는 거더의 경우, 공칭 전단강도는 다음과 같다.

$$V_n = V_{cr} = C V_p$$

여기서, V_p는 소성 전단강도로 다음과 같이 계산된다.

$$V_p = 0.58 F_y D t_w$$

상수 C는 전단 항복강도에 대한 좌굴 전단저항의 비로서 다음과 같이 결정된다.

① $\dfrac{D}{t_w} \leq 1.12 \sqrt{\dfrac{E\kappa}{F_y}}$ 인 경우,

　$C = 1.0$

② $1.12 \sqrt{\dfrac{E\kappa}{F_y}} < \dfrac{D}{t_w} \leq 1.40 \sqrt{\dfrac{E\kappa}{F_y}}$ 인 경우,

　$C = \dfrac{1.12}{(D/t_w)} \sqrt{\dfrac{E\kappa}{F_y}}$

③ $\dfrac{D}{t_w} > 1.40 \sqrt{\dfrac{E\kappa}{F_y}}$ 인 경우,

　$C = \dfrac{1.57}{(D/t_w)} \dfrac{E\kappa}{F_y}$

여기서, $\kappa = 5 + [5/(d_0/D)^2]$는 전단 좌굴 계수(비보강된 보의 경우 $\kappa = 5$)
　　　　D = 플랜지 사이의 순 간격
　　　　d_0 = 수직보강재 사이의 거리

수직보강재가 제공되었거나 수직과 수평 보강재 둘 다가 제공되었을 때, 후 좌굴효과를 고려하게 되며 내측 복부판의 공칭 전단강도는 다음과 같이 계산된다.

① $\dfrac{2Dt_w}{d_{fc}t_{fc}+b_{ft}t_{ft}} \leq 2.5$ 이면,

$$V_n = V_p\left[C + \dfrac{0.87(1-C)}{\sqrt{1+(d_0/D)^2}}\right]$$

② 그 밖의 경우,

$$V_n = V_p\left[C + \dfrac{0.87(1-C)}{\sqrt{1+(d_0/D)^2}+d_0/D}\right]$$

복부판 단부 패널은 인장력장의 앵커리지 역활을 하며 직접적인 후 좌굴효과를 반영하는 것은 안전측 설계가 아니다. 따라서 공칭 전단강도는 비보강된 복부판의 규정을 따른다. 단부 패널에서 수직보강재 간격은 1.5D를 초과할 수 없다. 전단을 위한 저항계수 ϕ_f는 1.0이다. 만약 $\phi_f V_n$이 계수전단력보다 같거나 크다면 예비단면은 전단력에 대하여 충분하다. 그렇지 않다면 전단강도를 증가시키기 위하여 복부판 두께를 증가시키거나 수직보강재를 추가해야 한다.
그림 2-6은 도로교설계기준에 수록되어있는 I형단면의 전단설계 흐름도이다.

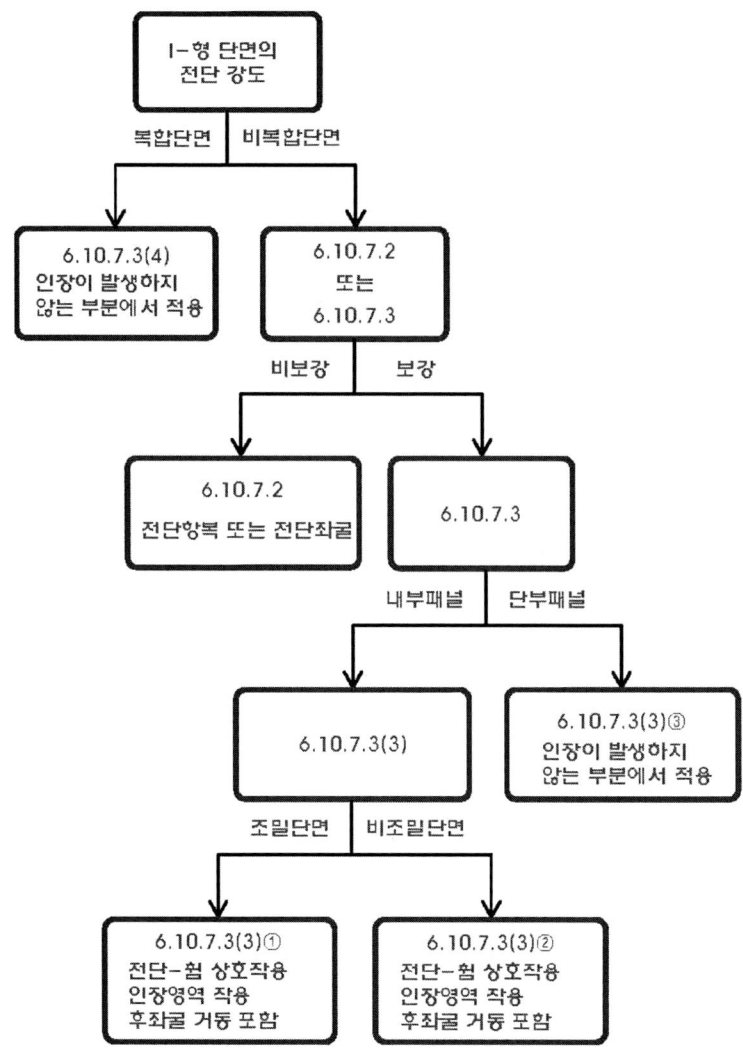

그림 2-6 ㅣ I 단면의 전단 설계를 위한 흐름도 (도·한·해 그림 6.10.6)

복부판의 휨좌굴강도와 수평보강재의 위치결정 방법에 대해 설명하시오.

1) 휨좌굴강도

압축플랜지와 비슷하게, 거더의 압축플랜지에 연속적인 브레이싱이 없을 때 그 복부판은 좌굴을 일으킬 수 있는 힘을 받는다. 거더의 복부판 휨좌굴강도는 복부판의 높이와 두께, 그리고 압축측에서 복부판의 높이와 두께의 비에 따른다. 수평보강재가 없는 복부판의 경우, 공칭 복부판 휨좌굴강도는 다음과 같다.

$$F_{crw} = \frac{0.9E\kappa}{(D/t_w)^2}$$

그러나 $R_h F_{yc}$와 $F_{yw}/0.7$의 작은 값을 초과할 수 없고, 여기에 휨좌굴계수는 다음과 같다.

$$\kappa = \frac{9}{(D_c/D)^2}$$

수평보강재가 있는 복부판의 경우, 위의 휨좌굴강도식은 여전히 사용될 수 있으나, 휨좌굴계수는 다음으로 계산한다.

① $\dfrac{d_s}{D_c} \geq 0.4$인 경우,

$$\kappa = \frac{5.17}{(d_s/D)^2} \geq \frac{9}{(D_c/D)^2}$$

② $\dfrac{d_s}{D_c} < 0.4$인 경우,

$$\kappa = \frac{11.64}{[(D-d_s)/D]^2}$$

여기서, D_c = 탄성범위에서 복부판의 압축측 깊이
R_h = 하이브리드 계수
d_s = 수평보강재의 중심선과 압축플랜지 안쪽면 사이의 거리(mm)

복부판의 양쪽 끝이 압축을 받는 경우에는 수평보강재의 여부와 관계없이 k=7.2로 사용한다. 휨에 대한 저항계수는 계수 휨 좌굴저항을 계산할 때 사용된다.

복부판의 휨좌굴강도를 검토 할 때, 어떠한 교축직각방향 휨응력도 제외하고 단순히 압축 플랜지의 휨응력을 사용한다. 복부판과 플랜지의 경계면에서 휨응력을 계산하는 것은 필요 없다.

정의 휨을 받는 합성 단면의 경우, 일단 콘크리트가 타설되면 압축 플랜지는 바닥판에 의해서 연속적으로 교축직각방향 지지를 받는다. 그래서 복부판 휨좌굴은 오직 시공하중에 대해서 검토될 필요가 있다. 그러나 부의 휨을 받는 합성단면이거나, 혹은 거더의 압축 플랜지에 연속적인 브레이싱이 없을 경우 복부판의 휨좌굴은 모든 하중 단계에 대해서 검토되어야 한다.

2) 수평보강재 설치위치

수평보강재의 기능은 복부의 휨좌굴 강도와 전단강도를 증진 시키는 것으로, 위의 휨좌굴강도식에서 알 수 있듯이 $d_s/D_c = 0.4$가 되는 위치에 설치 될 때 가장 큰 효과를 발휘 한다. 즉, 복부판 압축측 위치의 2/5되는 위치에 설치하는 것이 좋다. 하지만 단면의 위치에 따라 중립축의 위치도 바뀌므로 모든 위치에서 구조적으로 가장 유리한 위치에 배치하는 것은 불가능하다. 상하 대칭인 플래이트 거더를 기준으로 했을 때 중립축의 위치는 0.5H가 되고, 이때 최적의 수평보강재의 설치위치는 0.2H인 지점이 되며, 설계시 편의상 이 위치에 배치하여도 실제 최적의 위치에 배치했을 때와 강도 차이가 크지 않다.

2.3.9 뒴비틀림설계

> 강교설계시 뒴비틀림 현상에 대해 설명하고 도로교설계기준 2010과 도로교설계기준 한계상태설계법에서의 설계에 고려하는 방법의 차이를 설명하시오.
> (109회 1-4)

1) 강교의 뒴비틀림 현상

국내 교량에 빈번히 적용되고 있는 폐합형 강박스거더나 최근에 적용되기 시작한 개구제형 강박스거더는 제작, 운반 및 가설 중에 작용하는 편심하중이나 활하중의 편심재하로 인하여 비틀림모멘트를 받게 된다. 강박스거더에 작용하는 편심하중은 그림 2-7과 같이 휨모멘트를 유발시키는 성분과 비틀림모멘트를 유발시키는 성분으로 분리할 수 있다. 비틀림모멘트는 다시 그림 2-8처럼 순수비틀림 성분과 뒤틀림 성분으로 분리할 수 있다. 그림 2-9는 뒤틀림모멘트에 의한 단면의 뒤틀림 및 이에 따른 뒤틀림응력을 보여주고 있다.

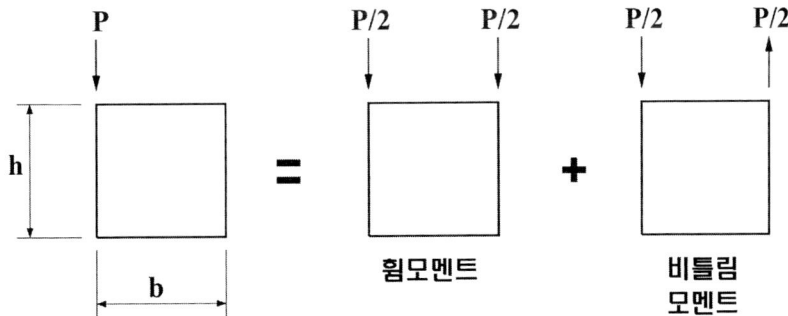

그림 2-7 | 휨모멘트와 비틀림모멘트 성분의 분리 (도·해 2008 그림 3.8.1)

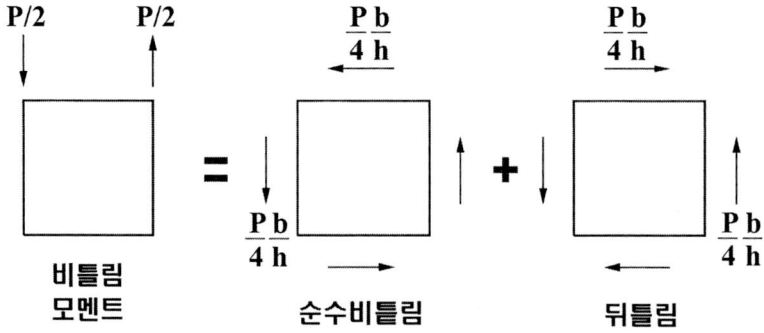

그림 2-8 | 비틀림모멘트의 순수비틀림 성분과 뒤틀림 성분 분리 (도·해 2008 그림 3.8.2)

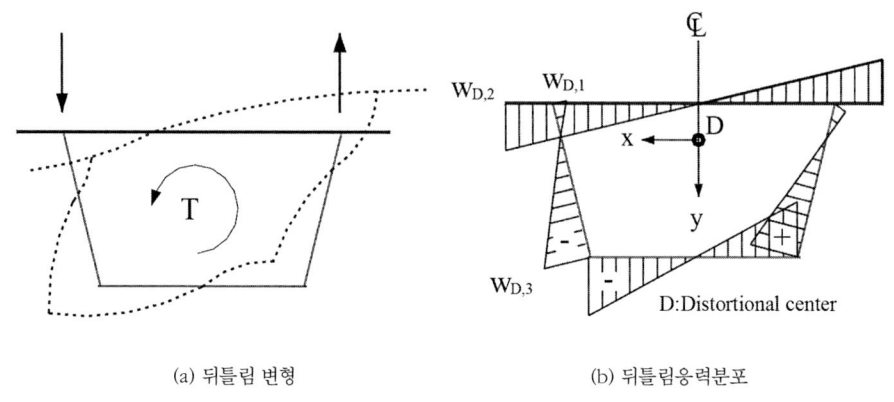

(a) 뒤틀림 변형   (b) 뒤틀림응력분포

그림 2-9 | 단면의 뒤틀림 (도·해 2008 그림 3.8.3)

설계 시 그림 2-9와 같은 뒤틀림응력을 고려하는 방법은 (1)강박스거더 단면설계에 뒤틀림응력을 직접 반영하는 방법과 (2)중간다이아프램을 적절한 간격으로 설치하여 뒤틀림응력을 무시할 수 있을 정도로 낮게 억제하는 방법이 있다.

2) 설계기준별 설계반영방법

① 도로교 설계기준 2010

도로교 설계기준 2010에서는 보다 간편한 후자의 방법을 적용하는 것으로 하였다. Sakai & Nagai (1977)는 중간다이아프램의 강성이 무한대라고 가정하고

BEF(Beams on elastic foundation)기법을 이용하여, 활하중이 편재하 될 경우 단면의 최대 뒤틀림응력이 최대 휨응력의 5%를 초과하지 않도록 하는 중간다이아프램의 간격 식을 제안하였다.

$$L_D < 6.0m \qquad (L \leq 50m)$$
$$L_D \leq (0.14L - 1.0)m \qquad (L > 50m)$$
단, $L_D \leq 20m$

여기서, L_D : 중간다이아프램의 간격 (m)
L : 교량의 지간 길이 (m)

개구제형 강박스거더가 주로 시공되고 있는 미국의 경우를 살펴보면, AASHTO LRFD Bridge Design Specifications (2002)에서는 시공 도중에 발생할 수 있는 단면의 비틀림 혹은 찌그러짐을 방지하게 위하여 내부에 크로스프레임 형식의 중간다이아프램의 설치를 검토해야 한다고 규정하고 있다. 그러나 크로스프레임의 설치 간격이나 부재의 소요강성을 결정하는 방법에 대한 별도의 규정이 없기 때문에, 설계자는 경험에 의해 주간적으로 결정해야 한다. 직선교의 경우에는 강박스거더 단면이 콘크리트 슬래브와 폐합된 후에는 활하중에 의한 비틀림모멘트가 무시할 정도로 작다고 가정하기 때문에 폐합 후에는 크로스프레임이 구조적으로 별다른 역할을 수행하지 않는 것으로 간주한다. 반면에 상대적으로 비틀림모멘트가 크게 발생되는 곡선교의 경우에는 AASHTO Guide Specifications for Horizontally Curved Steel Girder Highway Bridges (2003)에서는 뒤틀림응력이 휨응력의 10% 이하가 되도록 중간다이아프램을 설치해야 하며 최대 간격은 30 ft (9 m)를 넘지 않아야 한다고 규정하고 있다.

② 도로교설계기준(한계상태 설계법)
도로교설계기준(한계상태 설계법)에서는 전자의 방법에 의해 뒤틀림응력을

직접 계산하여 반영할 것을 다음과 같이 권장하고 있다.

"단면 뒤틀림에 의한 종방향 뒴응력은 피로에 대해서는 고려하지만 강도한계 상태에서는 무시할 수 있다. 횡방향 휨과 종방향 뒴응력은 합리적인 해석방법에 의해 결정해야 한다."

하지만 실무에 있어 해석적으로 뒴응력을 계산하는 것은 쉽지 않으므로 K브레이싱을 탄성지지점으로 하는 BEF(Beams on elastic foundation)기법에 의한 도표를 이용하여 계산하는 방법 등으로 간편하게 적용할 수 있다.

2.3.10 피로설계

도로교설계기준 한계상태설계법에 따른 피로설계에 대해 설명하시오.

1) 하중유발피로

피로는 하중유발(load-induced) 피로와 변형유발(distortion-induced) 피로의 두 가지로 구분한다. 하중유발 피로에 취약한 상세는 응력집중보다는 수직응력범위에 근거하여 설계를 수행한다. 수직응력범위는 용접, 단면변화, 부착 위치에서 응력집중을 유발하는 초기균열현상이 배재된 상태에서 휨, 전단, 축력에 대한 설계응력으로 계산된다. 모든 교량 상세는 A, B, B', C, C', D, E, E'의 8개 구조상세 범주로 구분되며 각각의 상세범주는 그림 2-10에 나타낸 것 같이 해당되는 S-N 곡선으로 대표된다.

단일차로의 일평균 트럭하중 운행횟수($ADTT_{SL}$)를 이용하여 목표수명동안의 반복횟수를 구해 아래 식에 대입하여 피로강도를 계산할 수 있다. 피로강도를 1/2로 줄일 경우 반복횟수는 N^8 이 되어야 하므로 거의 무한수명과 같은 반복횟수가 된다. 따라서 피로강도를 피로한계의 1/2로 줄이거나 하중계수를 2배 확대함으로써 무한수명설계를 할 수 있다.

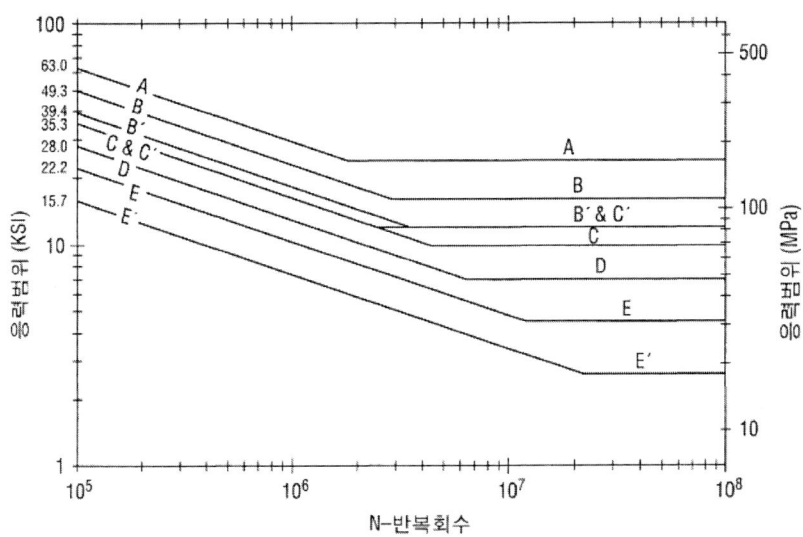

그림 2-10 | 응력 범위 대 반복횟수 (도·한·해 그림 6.6.1)

$$(\triangle F)_n = \left(\frac{A}{N}\right)^{1/3} \geq \frac{1}{2}(\triangle F)_{TH}$$

여기서, N = 구조물이 트럭하중을 받는 주기수
      A = 상세범주 상수, MPa^3
      $(\triangle F)_{TH}$ = 일정진폭 피로임계응력, MPa

지속하중에 의한 압축응력이 피로하중에 의해 발생되는 최대인장응력보다 큰 경우 피로는 고려될 필요가 없다. 각각의 상세범주에는 소위 일정한 크기의 피로 임계값이 존재하는데, 이는 최대 활하중에 의한 응력범위가 임계값을 넘지 않는다면, 그 상세는 무한의 피로수명을 가진다는 것을 의미한다.

2) 변형유발피로

변형유발(distortion-induced) 피로는 횡방향 부재를 종방향 부재의 단면을 포함하는 적절한 구조요소에 연결함에 따라, 예상하였거나 예상치 못한 하중을 전달하기에 충분한 하중경로를 제공할 수 있어야 한다. 이러한 하중경로는 여러 구조 요소를 용접 또는 볼트로 연결하여 확보할 수 있다. 복부판의 좌굴과 면외변형을 제어하기 위해서 수직보강재와 종방향보강재의 유무에 관계없이 균일 단면의 복부판은 다음 규정을 만족시켜야 한다.

$$V_u \leq V_{cr} = 0.58\,CF_{yw}Dt_w$$

여기서,

V_u : 하중계수를 곱하지 않은 지속하중과 피로하중으로 인한 최대 전단력 (피로하중은 2배를 고려해준다. 이는 무한수명으로 설계하기 위함이며, AASHTO LRFD에서는 하중계수를 0.75대신 1.5로 적용하고 있다.)

이는 복부의 항복을 허용하지 않으므로 후좌굴강도 효과를 고려하지 않기 때문이며, 전단항복강도에 대한 전단좌굴응력비 C를 계산할 때, 전단좌굴계수 k는 보강재에 의한 좌굴강도 증진효과를 고려하여야 한다.(강구조설계기준에서는 수직보강재가 없는 경우와 같이 $k=5$로 적용하고 있으나, 이는 오타로 보이며, AASHTO LRFD에서는 단부판넬의 전단강도 검토시와 같이 수직보강재의 좌굴강도 증진 효과를 고려하도록 되어 있다.)

AASHTO LRFD 2004에서는 복부의 휨좌굴을 검토하도록 하였으나 정모멘트 합성단면을 제외하고는 사용한계상태 II에 지배되며, 정모멘트 합성단면의 복부의 두께에 대한 높이의비가 150보다 작을 경우($D/t_w < 150$) 모든 한계상태에서 좌굴이 발생하지 않으므로 AASHTO LRFD 2007에서는 검토조항이 삭제되었다.

사장교의 케이블 피로검토 방법에 대해 설명하시오. (106회 2-5)

1) 하중 및 하중조합

① 피로설계트럭
- 표준트럭하중의 80%
- 충격계수 : 15%

② 하중조합
- 0.75(LL+LI)

2) 피로강도 검토

$$\gamma(\Delta f) \leq (\Delta F_n)$$

$\gamma = 0.75$

Δf = 피로트럭 통과시 발생응력범위 × 1.4

$(\Delta f)_n$ = 공칭피로강도

$$\Delta f = \left(\frac{N_{FH}}{N}\right)^{1/3}(\Delta F)_{TH} \leq \frac{1}{2}(\Delta F)_{TH}$$

$(\Delta F)_{TH}$ = 일정진폭 비로한계

$N = 365(DL)(1.0)(ADTT)_{SL}$

DL = 케이블 설계수명,

$(ADTT)_{SL}$ = 일차선 일평균 트럭 교통량

N_{TH} = 일정진폭 피로한계에 해당하는 응력 범위의 반속 횟수

2.3.11 보강재설계

> 다음 강합성형교의 잭업보강재 안전성을 검토하시오. (108회 3-6 전환문제)

사용 강종 : SM490, 보강재의 압축응력할증 25%,

최대지점반력 : R_D(자중반력) = 1400.0kN, R_L(활하중반력) = 1600.0kN

하중조합 : $1.0R_D + 1.5R_L$

보강재의 두께 : t_s = 20.0mm,   Web 두께 : t_w = 16.0mm

전체좌굴에서 강종(SM490)의 허용응력

① $\dfrac{\ell}{r} \leq 15$: 190MPa

② $15 < \dfrac{\ell}{r} \leq 80$: $190 - 1.3\left(\dfrac{\ell}{r} - 15\right)$MPa

   $\dfrac{\ell}{r}$: 세장비

국부좌굴에서 강종(SM490)의 허용응력

① $\dfrac{b}{11.2} \leq t$: 190MPa

② $\dfrac{b}{16} \leq t < \dfrac{b}{11.2}$: $24{,}000\left(\dfrac{t}{b}\right)^2$MPa

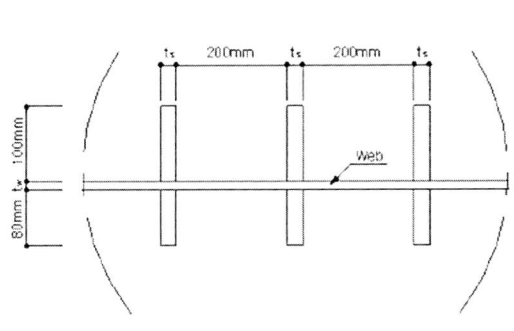 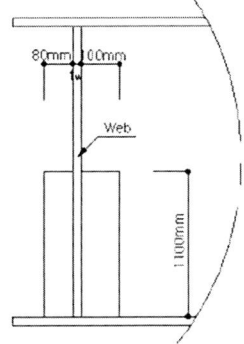

1) 돌출폭(세장비) 검토

$$\frac{b_p}{t_p} = \frac{100}{20} = 5 \leq 0.48\sqrt{\frac{E}{F_y}} = 0.48\sqrt{\frac{205000}{355}} = 11.53 \qquad \therefore O.K$$

2) 유효폭 산정

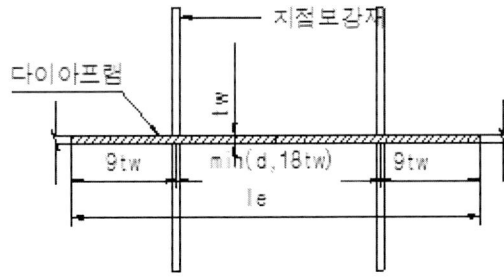

$$l_e = 9t_w + \min(d, 18t_w)(2) + 9t_w = 9(16) + \min(220, 288)(2) + 9(16)$$
$$= 728mm$$

$$A_p = l_e t_w + \sum t_p b_p = 728(16) + 2(80)(20) + 2(100)(20) = 18,848mm^2$$

3) 지압강도 검토

$$R_u = 1.5R_d + 1.8R_l = 1.5(1400) + 1.8(1600)$$
$$= 4980kN(\text{극한한계상태하중조합 I 로 검토})$$
$$F_r = \phi_b R_{sbn} \ , R_{sbn} = 1.4A_p F_y \qquad , \phi_b = 1.0$$
$$F_r = 1.0(1.4)(18,848)(355) = 9367.46kN > R_u(=4980kN) \quad \therefore O.K$$

4) 축방향강도검토

① 단면의 세장비 검토

돌출판 단부로 부터 단면의 중립축까지 거리

$$y_c = \frac{2(20)(100)(50) + 16(728)(108) + 2(20)(80)(156)}{18,848} = 103.84mm$$

$$I = 2\left\{\frac{20(80)^3}{12} + 20(80)(40 + 16 - 3.84)^2\right\}$$
$$+ 2\left\{\frac{20(100)^3}{12} + 20(100)(50 + 3.84)^2\right\}$$
$$+ \frac{728(16)^3}{12} + 16(728)(8 - 3.84)^2 = 25,460,554 mm^4$$

$$r = \sqrt{\frac{I}{A}} = \sqrt{\frac{25,460,554}{18,848}} = 36.75$$

$$\frac{kl}{r} = \frac{(1.0)1,100}{36.75} = 29.93 \leq 120 \Rightarrow \text{압축 주부재의 세장비 기준 만족}$$

② 판의 세장비 검토

약축에 대해 복부는 자유돌출판이 되므로 단면의 세장/비세장을 판정한다.

$$\frac{b}{t} = \frac{144}{16} = 9 \quad \leq \quad \lambda_r = 0.64\sqrt{\frac{k_c E}{F_y}} = 0.64\sqrt{\frac{(0.76)205,000}{355}} = 13.40$$

⇒ 비세장 조건

$$k_c = 4/\sqrt{h/t_w} = 4/\sqrt{180/20} = 1.33(0.35 \leq k_c \leq 0.76) \Rightarrow k_c = 0.76$$

③ 압축강도

$$F_e = \frac{\pi^2 E}{\left(\frac{kl}{r}\right)^2} = \frac{\pi^2 (205,000)}{(29.93)^2} = 2258.6 MPa$$

$$\frac{F_y}{F_e} = \frac{355}{2258.6} = 0.157 < 2.25 \text{ 따라서}$$

$$F_{cr} = 0.658^{\frac{F_y}{F_e}} F_y = 0.658^{0.157}(355) = 332.42 MPa$$

$$P_n = A_s F_{cr} = (18,848)(332.42) \times 10^{-3} = 6,265 kN$$

$$P_r = \phi_c P_n = (0.9)(6265) = 5,639 kN > R_u(4980kN) \therefore O.K$$

> 도로교설계기준 한계상태설계법과 도로교설계기준 2010의 양연지지된 압축응력을 받는 보강된 판의 설계 방법의 차이를 설명하고 종방향 보강재의 개수를 2개까지로 제한하는 이유를 설명하시오. 또 판의 폭이 넓어 3개 이상의 보강재를 필요로 할 경우 설계법을 제시하시오.

1) 설계방법의 차이

도로교설계기준 한계상태설계법에서는 양단이 고정되고 길이방향으로 무한인 판으로 가정하여 좌굴강도를 산정한다. 횡방향보강재의 역할이 고려되지 않으며 판의 좌굴강도를 증진시키기 위해서 종방향보강재의 강도를 크게 요구한다. 따라서 I형 리브보다는 T형리브를 많이 사용하게 된다. 반면 도로교설계기준 2010에서는 횡방향보강재의 지지점 기능을 고려하여 보강되는 판의 두께와 배치간격에 따라 일정 강도를 확보케 하고 양변이 지지된 격자형 판으로 강도를 산정함으로써 종방향 보강재의 소요강도가 비교적 작게 요구되므로 I형 단면의 보강재로 충분히 설계가 가능하다.

2) 보강재의 개수를 2개까지 제한하는 이유

도로교설계기준 한계상태설계법에서 요구하는 보강재의 소요강도는 다음과 같다.

$I_l \geq \psi w t_f^3$

$\psi = 0.125k^3$ (n=1인 경우)

　　$0.07k^3 n^4$ (n=2,3,4,5인 경우)

n = 등간격인 종방향보강재의 수

w = 압축플랜지의 종방향보강재 사이 폭과 복부판에서 가장 가까운 종방향보강재까지의 거리 중 큰 값(mm)

이 식에 보강재의 개수인 변수 n을 3이상 대입할 경우 요구되는 보강재의 강도는 비상식적으로 커지게 되어 적용성이 떨어지게 된다. 이러한 현상이 발생하는 이유는 위에서 설명한 것과 같이 횡방향 보강재의 역할을 고려하지 않고 무한길이를 가진 판으로 가정하여 설계하기 때문인데 이는 비교적 폭이 작은 개구제형의 단면을 사용하는 미국식 설계양식에 기인한다. 폭이 작으므로 많은 종방향 보강재를 필요로 하지 않고 수평보강재를 생략함으로써 제작이 용이하고 유지관리측면에서 유리하게 할 수있는 장점이 있다. 기존에 폐합단면을 사용해 오던 국내 강교설계양식과는 맞지 않는 측면이 있어 새로운 설계기준에 맞추기 위해서는 보강재가 많이 필요한 대단면의 거더 보다는 개구제형이나 플랜지폭이 좁은 세폭거더를 적용하는 것이 합리적이라고 판단된다.

3) 판의 폭이 넓어 3개 이상의 보강재를 필요로 할 경우

3개 이상 종방향보강재가 설치된 광폭 폐단면박스에서 압축플랜지의 압축극한강도는 유효폭 구간에 위치한 판폭과 한 개의 종방향보강재로 구성된 스트럿을 기둥부재로 간주하여 공칭휨저항강도를 구하며, 기둥의 길이는 횡방향 보강재의 간격으로 한다. 공칭휨저항강도는 다음 식으로 산정한다.

$$F_{uf} = \lambda_{pc} F_y$$

여기서,

$\lambda_{pc} = \dfrac{1.0}{1.0 + 0.1\lambda_{col}}$ ($\lambda_{pl} < 0.3$인 경우)

$\lambda_{pc} = \dfrac{1.15 - 0.5\lambda_{pl}}{1.0 + 0.1\lambda_{col}}$ ($0.3 \leq \lambda_{pl} < 1.3$인 경우)

λ_{pl}과 λ_{col}은 플랜지 보강재 사이의 판의 세장비와 스트럿 기둥의 세장비를 각각 나타내고 다음 식으로 산정한다.

$\lambda_{pl} = \dfrac{w/t}{1.9} \sqrt{\dfrac{F_y}{E}}$

$\lambda_{col} = \dfrac{1}{\pi} \sqrt{\dfrac{F_y}{E}} \dfrac{L}{r}$

여기서,
- F_y : 보강되는 판의 항복강도(MPa)
- E : 보강되는 판의 탄성계수(MPa)
- t : 보강되는 판의 두께(mm)
- w : 보강재 사이의 폭 또는 중심간 간격(mm)
- L : 횡방향보강재로 지지된 종방향보강재의 비지지길이(mm)
- r : 스트럿 단면의 플랜지 저판에 평행한 축에 대한 곡률반경(mm)

2.4 이음

2.4.1 용접이음

> L형강 도심에 인장력 T=50tonf가 작용할 때 용접길이 l_1, l_2를 구하시오(단, 강재는 SM400이고, 용접은 6mm 필렛용접으로서 현장용접이다. 이 때 모재 강도는 인장력에 충분히 견디는 것으로 가정한다).　　　　(75회 3-6 전환문제)

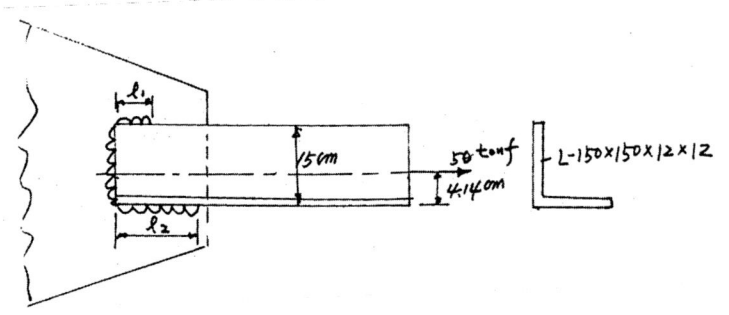

1) 앵글 도심계산

$$x = \frac{12(150)(6) + 12(150-12)(12+132/2)}{12(150) + 12(150-12)} = 41.4mm$$

2) 용접부 강도계산

$$F_1 = \pi f_y (6/\sqrt{2})l_1(0.9) = 0.8(235)(6/\sqrt{2})(0.9)l_1 = 718l_1$$

$$F_2 = \pi f_y (6/\sqrt{2})l_2(0.9) = 0.8(235)(6/\sqrt{2})(0.9)l_2 = 718l_2$$

$$F_3 = \pi f_y (6/\sqrt{2})(150)(0.9) = 0.8(235)(6/\sqrt{2})(0.9)(150) = 107.68kN$$

3) 평형방정식

① $\sum M_o = 0$;

$P(41.4) - F_3(75) - F_1(150) = 0$

$F_1 = \dfrac{1}{150}(P(41.4) - F_1) = \dfrac{1}{150}(500,000(41.4) - 107,680) = 84.16 kN$

② $\sum F_x = 0$;

$P = F_1 + F_2 + F_3$

$F_2 = P - F_1 - F_3 = 500 - 84.16 - 107.68 = 308.16 kN$

4) 용접길이 산정

$l_1 = F_1/718 = 84,160/718 = 117.2mm \rightarrow 120mm$

$l_2 = F_2/718 = 308,160/718 = 428.8mm \rightarrow 430mm$

2.4.2 볼트이음

> 아래 그림과 같은 강판을 접합하고자 할 때 4-M22의 볼트가 저항할 수 있는 최대 장력의 크기를 구하시오(단, 마찰 연결의 경우 F10T, 지압연결의 경우 B10T 볼트를 사용하고 덧댐판의 재질은 SM490으로 한다). (101회 3-3 전환문제)

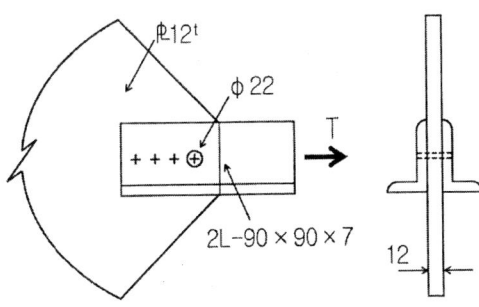

1) 간격검토

① 볼트간격 검토

볼트중심사이의 최소간격은 볼트직경의 2.5배이며 3배를 표준으로 한다.

$S > 3(22) = 66 \rightarrow use\,70mm$

② 연단거리 검토

a. 최소연단거리

$28 \rightarrow use\,50mm$

볼트중심에서 연단까지 최소거리 (mm) (강·설 표 9.1.1.10-2)

볼트의 공칭직경(mm)	연단부의 가공방법	
	전단절단, 수동가스절단	압연형강, 자동가스절단, 기계가공마감
16	28	22
20	34	26
22	38	28
24	42	30
27	48	34
30	52	38
30 초과	$1.75d$	$1.25d$

b. 최대연단거리

$50 < \min(12t, 150) = \min(84, 150) = 84mm \rightarrow O.K$

2) 볼트의 전단검토

볼트의 공칭강도 (MPa) (강·설 표 9.1.3.3-1)

강도	강종	고장력볼트			일반볼트
		F8T	F10T	F13T	SS400 SM400
공칭인장강도, F_{nt} [1]		600	750	975	300
지압접합이 공칭 전단강도, F_{nv} [2]	나사부가 전단면에 포함될 경우 [3]	320	400	520	160
	나사부가 전단면에 포함되지 않을 경우 [4]	400	500	650	200

주 1) 인장강도의 0.75배
주 2) 힘 작용 방향으로 볼트접합부의 첫 번째 볼트와 맨 끝 볼트의 중심 거리가 800mm 이하인 경우에 대한 것임. 이를 초과하는 경우에는 주어진 값의 85%를 적용함.
주 3) 인장강도의 0.4배
주 4) 인장강도의 0.5배

$$A_b = \frac{\pi D^2}{4} = \frac{\pi 22^2}{4} = 380 mm^2$$

$F_n = 0.5(500) = 250\ MPa$

$R_r = \phi\ R_n = 0.75\ F_{nv} A_b = 0.75(500)(380)(2)(4) = 1,140,000 N = 1,140 kN$

3) 마찰강도(사용하중조합 Ⅱ 로 검토)

$$R_n = \mu h_f T_o N_s n = 0.45(1.0)(203)(2)(4) = 730.8 kN$$

μ (미끄럼계수) = 0.45(무기질 아연말 프라미머 도장면)

μ_f (끼움재계수) = 1.0

N_s = 전단면의 수

고장력볼트의 설계볼트 장력 (강·설 표 9.1.3.6-1)

볼트의 등급	볼트의 호칭	최소 인장하중[1] (kN)	설계볼트장력[2] (T_0) kN
F8T	M16	125.4	84
	M20	195.8	131
	M22	242.7	163
	M24	282.0	189
F10T	M16	156.7	105
	M20	244.8	164
	M22	303.4	203
	M24	352.5	236
	M27	458.8	307
	M30	561.3	376
F13T	M16	203.7	136
	M20	318.2	213
	M22	394.4	264
	M24	458.3	307

주 1) KS B 1010, 표 3에 규정된 볼트의 최소 인장하중
주 2) 설계볼트장력은 KS B 1010에 규정된 볼트의 최소 인장하중에 0.67을 곱한 값

4) 볼트구멍의 지압강도

$$\text{순연단거리} = 50 - \frac{22+3}{2} = 37.5 < 2d(2 \times 22 = 44)$$

$$\text{볼트간 순간격} = 70 - \frac{22+3}{2} = 57.5 > 2d(=44)$$

$$R_n = 1.2 L_c t F_u = 1.2(44 \times 3 + 37.5)(12)(490) = 1,195,992 N$$

$$R_r = \phi R_n = (0.75)(1,195.99) = 896.99 kN$$

5) 블록전단 파괴

$A_{gv} = 7(50 + 2 \times 70) = 1,330 mm^2$

$A_{nv} = 7(50 + 2 \times 70 - 2.5 \times 22) = 945 mm^2$

$A_{gt} = 7(45) = 315 mm^2$

$A_{nt} = 7(45 - 0.5 \times 22) = 238 mm^2$

$A_{nt}(= 238 mm^2) < 0.6 A_{nv}(597 mm^2)$

$R_r = \phi_{bs}(0.6 F_u A_{nv} + F_y A_{gt}) \times 2 = 0.75\{0.6(490)(945) + 315(238)\} \times 2$
$\quad = 529,200 N$

6) 이음부 강도

$R_r = \min(1,140, 897, 529) = 529 kN$ (극한한계상태), 블록전단파괴 지배

$R_r = 730.8 kN$ (사용한계상태)

다음 그림과 같이 덧댐판에 200×100mm의 강판을 (가)현장필렛용접(끝돌림 실시) 또는 (나)고장력볼트이음을 하려고 할 때 이음부의 허용인장하중 P_{ta}를 비교하시오(단, SS 400 강재, F10T(M22) 볼트사용)   (87회 1-12 전환문제)

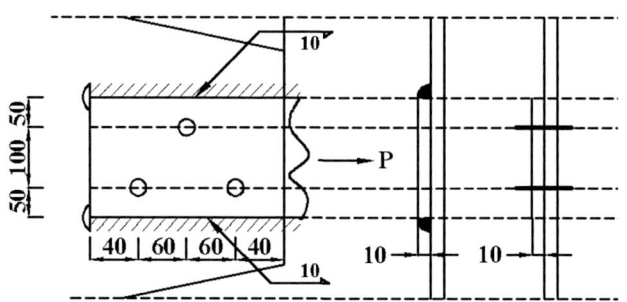

1) 용접이음

용접모재의 공칭강도(MPa) (강·설 표 9.1.2.4-1)

용접구분	응력구분	공칭강도 (F_{nw})	저항계수 (ϕ)
완전용입 그루브용접	용접축에 직각인 인장	모재와 동일 (9.1.2.1.1)	
	용접축에 직각인 압축	모재와 동일 (9.1.2.1.1)	
	용접축에 평행한 인장, 압축	별도 검토하지 않음	
	전단	$0.6F_u$ [1]	0.8
부분용입 그루브용접	용접축에 직각인 인장	$0.6F_u$ [1), 2)]	0.8
	9.1.1.4(1)에 따른 기둥의 선단밀착접합부 압축	별도 검토하지 않음	
	9.1.1.4(2)에 따른 기둥 외의 선단밀착접합부 압축	$0.6F_u$ [1]	0.8
	선단밀착접합부 외의 압축	$0.9F_u$ [1]	0.8
	용접축에 평행한 인장, 압축	별도 검토하지 않음	
	전단	$0.6F_u$ [1), 2)]	0.75
필릿용접	전단	$0.6F_u$ [1), 2)]	0.75
	용접축에 평행한 인장, 압축	별도 검토하지 않음	
플러그, 슬롯용접	접합면에 평행한 전단	$0.6F_u$ [1), 2)]	0.75

주 1) 용접부 모재의 인장강도이며, 언더매칭용접의 경우에는 용접재의 인장강도를 적용한다.
주 2) 인장강도 600MPa의 강종(HSB600)은 $0.56F_u$, 800MPa의 강종(HSA800, HSB800)은 $0.45F_u$을 적용하며, 인장강도가 이들 사이인 강종의 경우에는 보간법을 적용한다.

$$A_w = \sum la = 2(200)(10/\sqrt{2}) = 2,828 mm^2$$

$$P_r = \phi F_{nw} A_w = 0.75(0.6)(400)(2,828) = 509,040 N$$

2) 볼트이음

① 볼트의 전단검토

볼트의 공칭강도 (MPa) (강·설 표 9.1.3.3-1)

강도	강종	고장력볼트			일반볼트
		F8T	F10T	F13T	SS400 SM400
공칭인장강도, F_{nt} [1]		600	750	975	300
지압접합이 공칭 전단강도, F_{nv} [2]	나사부가 전단면에 포함될 경우 [3]	320	400	520	160
	나사부가 전단면에 포함되지 않을 경우 [4]	400	500	650	200

주 1) 인장강도의 0.75배
주 2) 힘 작용 방향으로 볼트접합부의 첫 번째 볼트와 맨 끝 볼트의 중심 거리가 800mm 이하인 경우에 대한 것임. 이를 초과하는 경우에는 주어진 값의 85%를 적용함.
주 3) 인장강도의 0.4배
주 4) 인장강도의 0.5배

$$A_b = \frac{\pi D^2}{4} = \frac{\pi 22^2}{4} = 380 mm^2$$

$$F_n = 0.5(500) = 250 \, MPa$$

$$R_r = \phi R_n = 0.75 F_{nv} A_b = 0.75(500)(380)(1)(3) = 427,500 N = 427.5 kN$$

② 연결판의 항복 및 파단

$$A_g = tl = 10(200) = 2,000 mm^2$$

$$A_e = tl - n(d+3mm) + \sum \frac{s^2}{4g} = 10200 - 2(22+3) + \frac{60^2}{4 \times 100} = 1,590 mm^2$$

$$P_{ry} = \phi_y P_{ny} = \phi_y A_g F_y = 0.9(2,000)(235) = 423,000 N$$

$$P_{ru} = \phi_u P_{nu} = \phi_u A_e F_u = 0.75(1,590)(400) = 477,000 N$$

$$P_r = \min(P_{ry}, P_{ru}) = \min(423, 477) = 423 kN$$

③ 볼트구멍의 지압강도

$$\text{순연단거리}_1 = 40 - \frac{22+3}{2} = 27.5 < 2d(2 \times 22 = 44)$$

$$\text{순연단거리}_2 = 100 - \frac{22+3}{2} = 87.5 > 2d(2 \times 22 = 44)$$

$$\text{볼트간 순간격} = 120 - (22+3) = 95 > 2d(=44)$$

$$R_n = 1.2 L_c t F_u = 1.2(27.5 + 44 + 44)(10)(400) = 554,400 N$$

$$R_r = \phi R_n = (0.75)(554.4) = 415.8 kN$$

④ 블록전단 파괴

$$A_{gt} = 10(\sqrt{60^2 + 100^2}) = 1,166.2 mm^2$$

$$A_{gv} = 10(40 + 100) = 1,400 mm^2$$

$$A_{nt} = 10(\sqrt{100^2 + 60^2} - 25) = 916.2 mm^2$$

$$A_{nv} = 10(100 + 40 - 25) = 1,150 mm^2$$

$$A_{nt}(=916.2 mm^2) > 0.6 A_{vn}(690 mm^2)$$

$$R_r = \phi_{bs}(0.6 F_y A_{gv} + F_u A_{nt}) = 0.750.6(235)(1,400) + 400(916.2)$$
$$= 422,910 N$$

⑤ 이음부 강도

$R_r = \min(427.5, 423, 415.8, 422.9) = 415.8 kN$ (극한한계상태), 블록전단파 괴 지배

$R_r = 730.8 kN$(사용한계상태)

3) 결과비교

용접이음은 509kN까지 저항할 수 있으며, 볼트이음은 415.3kN에서 지압파괴 가 발생하여 용접이음이 보다 큰 하중에 저항할 수 있다.

다음 그림과 같이 보-기둥 연결부에 수직하중 $V_u = 300kN$ 을 받는 볼트접합부를 한계상태설계법으로 검토하시오(단, 기둥 H-400×400×21×21(SM490), 보 H-500×300×11×18(SS400), 볼트연결은 M24(F10T), 플레이트는 PL-10×100×325(SS400), 볼트미끄럼강도 220MPa, 볼트공차 2mm, 미끄럼저항계수 ϕ=0.9, 전단항복계수 ϕ=0.9, 전단파단계수 ϕ=0.75, 치수의 단위는 mm이다).

(108회 4-6)

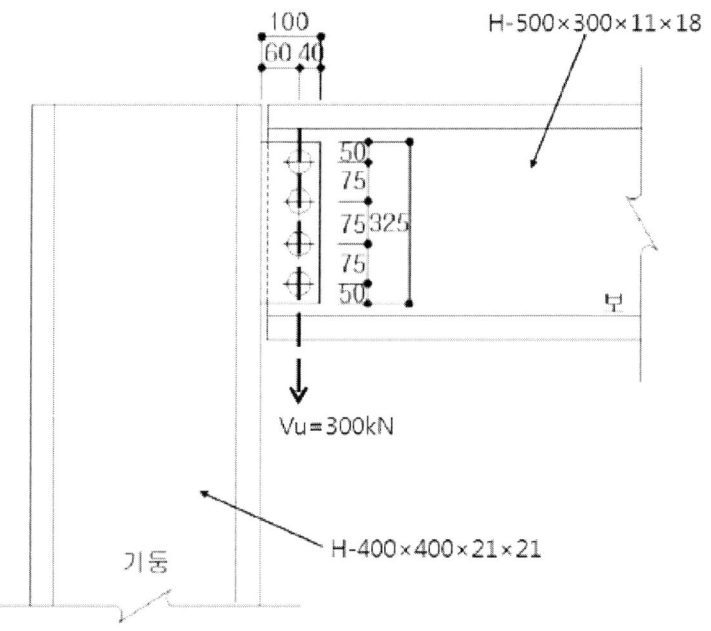

1) 볼트의 전단검토

볼트의 공칭강도 (MPa) (강·설 표 9.1.3.3-1)

강도	강종	고장력볼트			일반볼트
		F8T	F10T	F13T	SS400 SM400
공칭인장강도, F_{nt} [1]		600	750	975	300
지압접합이 공칭 전단강도, F_{nv} [2]	나사부가 전단면에 포함될 경우 [3]	320	400	520	160
	나사부가 전단면에 포함되지 않을 경우 [4]	400	500	650	200

주 1) 인장강도의 0.75배
주 2) 힘 작용 방향으로 볼트접합부의 첫 번째 볼트와 맨 끝 볼트의 중심 거리가 800mm 이하인 경우에 대한 것임. 이를 초과하는 경우에는 주어진 값의 85%를 적용함.
주 3) 인장강도의 0.4배
주 4) 인장강도의 0.5배

$$A_b = \frac{\pi D^2}{4} = \frac{\pi 24^2}{4} = 452 mm^2$$

$$F_n = 0.5(500) = 250\,MPa$$

$$R_r = \phi R_n = 0.75 F_{nv} A_b = 0.75(500)(452)(1)(4) = 678,000N$$

$$= 678kN > V_u(=300kN) \therefore OK$$

2) 연결판의 항복 및 파단

$$A_g = tl = 10(325) = 3,250 mm^2$$

$$A_e = tl - n(d+2mm) + \sum \frac{s^2}{4g} = 3,250 - 4(24+2) = 3,146 mm^2$$

$$R_{ry} = \phi_y R_{ny} = \phi_y A_g F_y = 0.9(3,250)(235) = 687,000N = 687kN$$

$$R_{ru} = \phi_u R_{nu} = \phi_u A_e F_u = 0.75(3,146)(400) = 943,800N = 943.8kN$$

$$R_r = \min(R_{ry}, R_{ru}) = \min(687, 9436.8) = 687kN > V_u(=300kN) \therefore OK$$

3) 볼트구멍의 지압강도

순연단거리 $= 50 - \dfrac{24+2}{2} = 37 < 2d(2 \times 24 = 48)$

볼트간 순간격 $= 75 - (24+2) = 49 > 2d(= 48)$

$$R_n = 1.2 L_c t F_u = 1.2(37+44+44+44)(10)(400) = 811,200N$$
$$R_r = \phi R_n = (0.75)(811.2) = 608.4kN > V_u(=300kN) \therefore OK$$

4) 마찰강도(사용하중조합 Ⅱ로 검토)

$R_n = \mu h_f T_o N_s n = 0.45(1.0)(236)(1)(4) = 424.8kN > V_u$

μ (미끄럼계수)$= 0.45$ (무기질 아연말 프라이머 도장면)

μ_f (끼움재계수)$= 1.0$

$N_s =$ 전단면의 수

고장력볼트의 설계볼트 장력 (강·설 표 9.1.3.6-1)

볼트의 등급	볼트의 호칭	최소 인장하중[1] (kN)	설계볼트장력[2] (T_0) kN
F8T	M16	125.4	84
	M20	195.8	131
	M22	242.7	163
	M24	282.0	189
F10T	M16	156.7	105
	M20	244.8	164
	M22	303.4	203
	M24	352.5	236
	M27	458.8	307
	M30	561.3	376
F13T	M16	203.7	136
	M20	318.2	213
	M22	394.4	264
	M24	458.3	307

주 1) KS B 1010에 규정된 볼트의 최소 인장하중
주 2) 설계볼트장력은 KS B 1010에 규정된 볼트의 최소 인장하중에 0.67을 곱한 값

콘크리트구조

03

일반사항 • 3.1

휨부재의 설계 • 3.2

전단설계 • 3.3

비틀림 부재의 설계 • 3.4

기둥 부재의 설계 • 3.5

스트럿 타이 설계 • 3.6

내구성설계 • 3.7

철근상세 • 3.8

PSC 구조의 설계 • 3.9

3.1 일반사항

3.1.1 인장강도 산정방법

> 한계상태법에서 인장강도 산정방법을 기존의 강도설계법과 비교설명 하시오.
> (104회 3-1)

1) 인장강도산정방법

표 3-1 | 콘트리트 강도기준 비교표

구분	강도설계법	한계상태설계법
기준압축강도	f_{ck}(설계압축강도)	f_{ck}
평균압축강도	$f_{cu} = f_{ck} + \Delta f$ (배합강도)	$f_{cm} = f_{ck} + \Delta f$
평균인장강도	-	$f_{ctm} = 0.3(f_{cm})^{2/3}$
기준인장강도	-	$f_{ctk} = 0.7 f_{ctm}$
휨인장강도	$f_{cr} = 0.63\sqrt{f_{ck}}$	$f_{ctm,fl} = (1.6 - h/1000)f_{ctm} \geq f_{ctm}$

한계상태 설계법에서의 기준인장강도는 휨인장강도시험으로부터 구한 평균 휨인장강도(f_{rm})의 1/2을 취하던지 표 3-1에 제시한 것과 같이 평균인장강도 로부터 계산하도록 제안하고 있다.

2) 인장응력제한

기준인장강도는 단면에 발생하는 인장응력의 한계기준이 되며, 기존의 강도설계법에서는 비균열단면으로 설계할 경우 $f_{cr} = 0.63\sqrt{f_{ck}}$ 이하가 되도록 기준을 제시하였으나 한계상태설계법에서는 영(0)응력 검토조건을 별도로 제시하여, 설계등급에 따른 사용하중조건에서 인장응력이 발생하지 않도록 제한하고 있다.

3) 휨부재의 인장에 따른 단면의 균열발생 판정

휨부재는 휨인장강도를 기준으로 균열발생유무를 판단하고 그에 따른 단면을 유효단면으로 가정하여 응력제한을 검토하게 된다. 기존의 휨인장강도식은 $f_{cr} = 0.63\sqrt{f_{ck}}$ 로 제시되어 부재의 두께에 무관하게 강도가 정해졌으나, 한계상태설계법에서는 부재의 두께를 고려하여 600mm이하일 때는 강도를 증가시키도록 제안하고 있다.

3.1.2 보와 슬래브의 구속조건에 따른 유효경간

> 콘크리트교의 구조해석을 할 때, 도로교설계기준(한계상태설계법, 2012)에서 규정하는 보와 슬래브의 구속조건에 따른 유효경간에 대해 설명하시오.
>
> (106회 1-5)

보와 슬래브의 휨모멘트는 받침부 중심선과 면사이의 휨모멘트 변화가 상당히 크기 때문에 유효경간을 사용하여 해석함으로써 불필요한 단면의 과대설계를 방지할 수 있다. 유효경간은 기둥의 폭의 1/2과 보의 높이의 1/2중 작은 값에 해당하는 거리 만큼 받침점 중심사이의 거리에서 공제해 줌으로써 구할 수 있다.

보와 슬래브의 유효 경간 은 다음 식과 같이 산정하여야 한다.

$$l_{eff} = l_n + a_1 + a_2$$

여기서, l_n = 받침점 면 사이의 순경간

a_1 및 a_2 = 지지조건에 따라 정해지는 값(그림 3-1 참조)

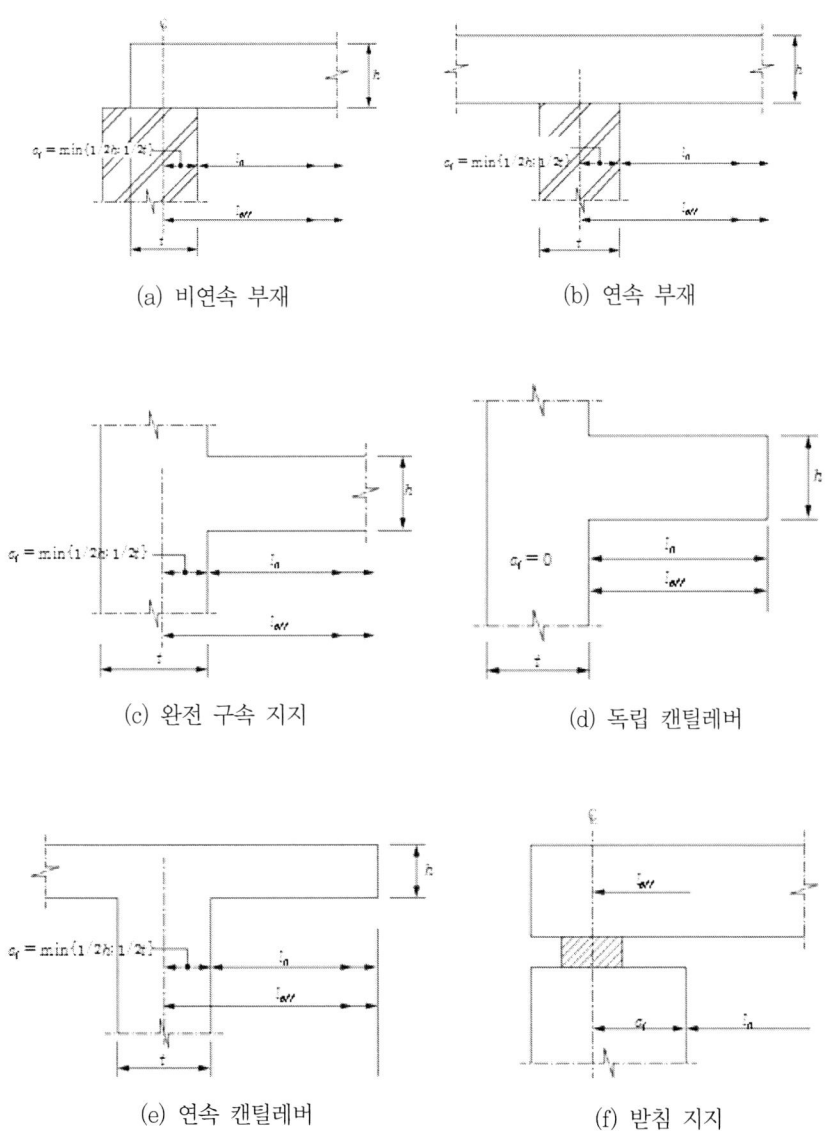

그림 3-1 | 구속조건에 따른 유효경간 (도·한 그림 5.6.1)

- 보 또는 슬래브가 받침점과 일체로 된 곳에서 받침점에서의 위험 설계모멘트는 받침점 면에서의 값을 취하여야 하며, 이 때 받침점 면의 모멘트 값은 고정단 모멘트 값의 0.65배 이상이어야 한다.

- 기둥과 벽체 등과 같이 지지하는 요소로 전달되는 설계 모멘트와 반력은 탄성 또는 재분배된 값 중에서 큰 값을 취하여야 한다.
- 벽체 상단 등과 같이 회전 구속이 없다고 간주되는 받침점을 갖는 연속보 또는 슬래브에서 경간을 지점의 중심간 거리로 간주하여 계산된 받침점의 계수 휨모멘트는 해석 방법에 관계없이 다음의 ΔM_u양 만큼 감소시킬 수 있다.

$$\Delta M_u = f_{u,sup} t/8$$

여기서, $f_{s,sup}$는 받침점의 계수 반력이고, t는 받침점 폭

3.1.3 모멘트 재분배

도로교설계기준 한계상태설계법의 모멘트 재분배 조건에 대해 설명 하시오.

연속보 또는 슬래브에 대하여 회전능력에 대한 명확한 검토가 없어도 다음 조건을 만족하는 경우 다음 제시된 식의 비율로 휨 모멘트를 재분배할 수 있다.

$$\eta \leq 1 - \frac{0.0033}{\epsilon_u}(0.6 + \frac{c}{d}) \leq 0.15$$

〈조건〉

휨 지배적이며, 인접한 부재와의 지간비가 0.5와 2사이일 때,

η = 탄성해석으로 구한 휨모멘트에서 재분배할 수 있는 휨모멘트 비율
    = 1-δ

$\delta = \dfrac{\text{모멘트 재분배후 계수휨모멘트}}{\text{탄성 휨모멘트}}$, 재분배하지 않은 경우 = 1.0

그림 3-2는 탄성해석 후 지점부의 모멘트를 10% 재분배 한다고 가정했을 때의 재분배 방법을 보여준다. 소성힌지 발생으로 단순보가 된 상태에서 지점부에 모멘트가 10%상쇄되도록 모멘트를 주었을 때의 모멘트도를 이용해 정모멘트부에 추가되는 모멘트를 구할 수 있다.

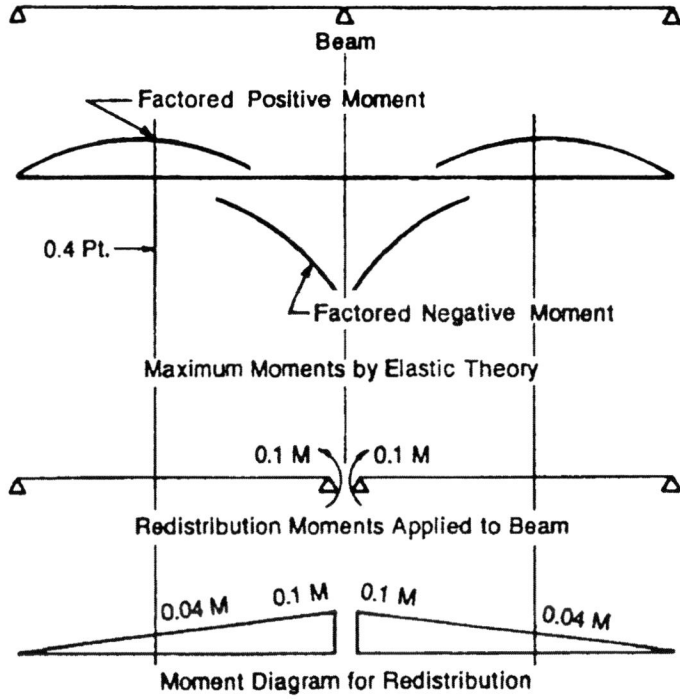

그림 3-2 | 모멘트 재분배 (도·한·해 그림 6.10.5)

3.2 휨부재의 설계

3.2.1 극한한계상태설계

다음의 구형 단면에서 현행의 강도설계법에 의한 설계강도를 계산하고, 한계상태설계법에서 극한한계상태의 하중조합에 의한 단면강도를 계산하여 비교하시오(단, f_{ck}=30MPa, f_y=400MPa, b=1,000mm, h=600mm, d=500mm, A_s=3,096mm^2(8-H22), 그림의 치수 단위는 mm이다). (104회 4-1)

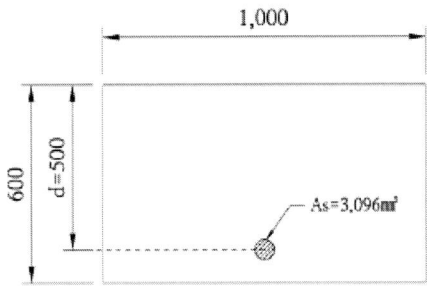

1) 강도설계법

① 중립축계산

$T = C$

$f_y A_s = 0.85 ab$

$a = \dfrac{f_y A_s}{0.85 f_{ck} b} = \dfrac{400(3096)}{0.85(30)(1000)} = 48.56 mm$

② 극한강도

$M_r = \phi_f M_n = \phi_f A_s f_y (d - a/2) = 0.85(3096)(400)(500 - 48.56/2) = 500.76 kN.m$

2) 한계상태설계법

① 단면상수

$\alpha = 0.8\,(f_{ck} \leq 40)$

$\beta = 0.4\,(f_{ck} \leq 40)$

② 중립축 위치

$T = C$

$\phi_s f_y A_s = \phi_c 0.85 f_{ck} \alpha c b$

$c = \dfrac{\phi_s f_y A_s}{\phi_c 0.85 f_{ck} \alpha b} = \dfrac{0.9(400)(3096)}{0.65(0.85)(30)(0.8)(1000)} = 70.55 mm$

③ 강도

$M_r = \phi_s A_s f_y (d - \beta c) = 0.9(3096)(400)(500 - 0.4(70.55)) = 554 kN.m$

$c_{\max} = \left(\dfrac{\delta \epsilon_{cu}}{0.0033} - 0.6\right) d = \left(\dfrac{1(0.0033)}{0.0033} - 0.6\right) 500 = 200 mm > c \Rightarrow$ 연성파괴

3) 비교설명

강도설계법에서는 강도저감계수가 공칭모멘트에 적용되며, 한계상태설계법에서는 콘크리트와 철근 각 재료에 재료저항계수를 적용하여 안전율을 확보한다.

그림과 같은 단면을 가진 길이가 6m인 단순 지지된 지사각형 철근콘크리트 보에서 지간의 중앙에 작용하는 집중하중의 공칭하중(Pn)을 구하시오(단, 단면과 재료는 길이에 걸쳐 일정하며, 콘크리트 설계기준 압축강도 f_{ck}=24 MPa, 철근의 설계기준 항복강도 f_y=400 MPa, 철근의 탄성계수 E_s=200,000 MPa 이고, H29의 단면적은 642.4mm^2이며, 그림의 치수 단위는 mm 이다).

(104회 3-5)

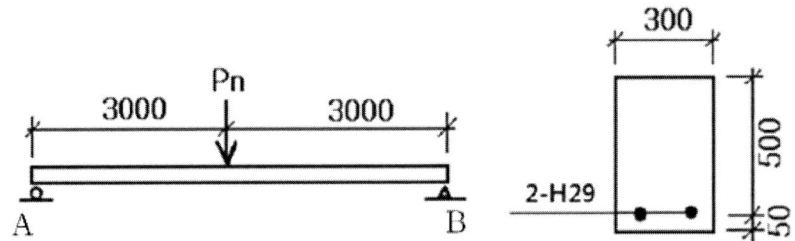

1) 부재력계산

$$M_{\max} = \frac{Pl}{4} = \frac{P \times 6}{4} = 1.5P$$

2) 단면의 저항강도

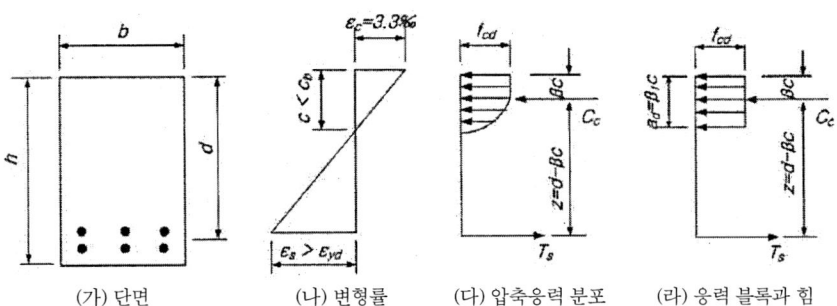

(가) 단면   (나) 변형률   (다) 압축응력 분포   (라) 응력 블록과 힘

① 단면상수

$\alpha = 0.8 (f_{ck} \leq 40)$

$\beta = 0.4 (f_{ck} \leq 40)$

② 중립축 위치

$T = C$

$\phi_s f_y A_s = \phi_c 0.85 f_{ck} \alpha c b$

$c = \dfrac{\phi_s f_y A_s}{\phi_c 0.85 f_{ck} \alpha b} = \dfrac{0.9(400)(1284.8)}{0.65(0.85)(24)(0.8)(300)} = 145 mm$

③ 강도

$M_r = \phi_s A_s f_y (d - \beta c) = 0.9(1284.8)(400)(500 - 0.4(145)) = 204.43 kN.m$

2) 공칭하중

$1.5 P_n \leq M_r = 204.43 \quad \rightarrow \quad P_n \leq 136.29 kN$

다음 그림과 같은 교량의 설계조건을 고려할 때, 한계상태설계법에 의한 하중 조합 극한한계상태 Ⅰ, Ⅳ에 대한 캔틸레버부의 필요 휨철근량을 구하시오.

(108회 4-3)

〈설계조건〉

f_{ck}=27MPa, f_y=400MPa, 폭 b=1,000mm, 유효높이 d=470mm,

(1), (2), (3)의 콘크리트 단위중량=25kN/m^3,

(4)의 포장 단위중량=23kN/m^3,

(5)의 난간 중량=1kN, 보도부 군중하중=5.00×10^{-3}MPa,

극한한계상태 Ⅰ, $M_u = 1.25 M_{dc} + 1.5 M_{dw} + 1.8 M_l$

극한한계상태 Ⅳ, $M_u = 1.5 M_{dc} + 1.5 M_{dw}$

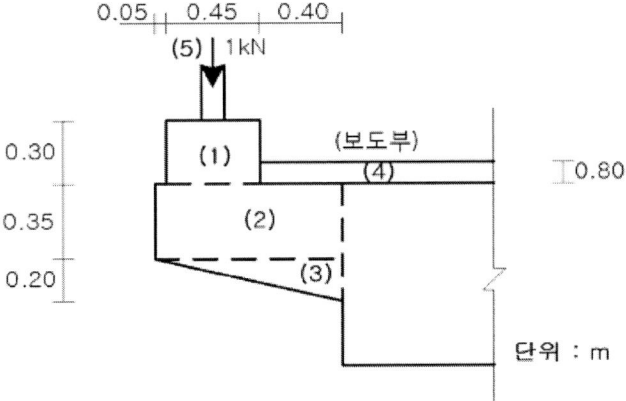

1) 하중계산

(1) 콘크리트자중(DC)

구분	자중(kN)	팔거리(m)	모멘트(kN.m)
①	0.45×0.3×25=3.375	0.625	2.11
②	0.9×0.35×25=7.875	0.45	3.54
③	0.5×0.2×0.9×25=2.250	0.3	0.68
합계			6.33

(2) 포장 및 난간(DW)

구분	자중(kN)	팔거리(m)	모멘트(kN.m)
포장	0.08×0.4×23=0.736	0.2	0.15
난간	1.0	0.625	0.63
합계			0.78

(3) 보행하중(LL)

구분	자중(kN)	팔거리(m)	모멘트(kN.m)
보행하중	5×0.4=2.0	0.2	0.4

2) 하중조합

① 극한한계상태 하중조합 I

$M_u = 1.25DC + 1.5DW + 1.8M_L = 1.25(6.33) + 1.5(0.78) + 1.8(0.4)$
$= 9.8 kN.m$

② 극한한계상태 하중조합 IV

$M_u = 1.5DC + 1.5DW = 1.5(6.33) + 1.5(0.78) = 10.67 kN.m$
$M_u = \max(9.8, 10.67) = 10.67 kN.m$

3) 필요 휨철근량

$$f_{cd} = \phi_c \alpha_{cc} f_{ck} = 0.65(0.85)(27) = 14.92 MPa$$

$$f_{yd} = \phi_s f_y = 0.9(400) = 360 MPa$$

$$\alpha = 1 - \frac{1}{n+1}\left(\frac{\epsilon_{co}}{\epsilon_{cu}}\right) = 1 - \frac{1}{3}\left(\frac{0.002}{0.0033}\right) = 0.8$$

$$\beta = 1 - \frac{0.5 - \frac{1}{(n+1)(n+2)}\left(\frac{\epsilon_{co}}{\epsilon_{cu}}\right)^2}{\alpha} = 1 - \frac{0.5 - \frac{1}{(3)(4)}\left(\frac{0.002}{0.0033}\right)^2}{0.8} = 0.413$$

$$C = T$$

$$f_{cd}\alpha cb = A_s f_{yd} \quad \Rightarrow \quad c = A_s f_{yd}/(f_{dc}\alpha b)$$

$$M_u = A_s f_{yd}(d - \beta c) = A_s f_{yd}\left(d - \frac{\beta A_s f_{yd}}{f_{yd}\alpha b}\right)$$

$$10.67 \times 10^6 = A_s(360)\left(470 - \frac{0.413(360)A_s}{14.92(0.8)(1000)}\right) \text{를 풀면}$$

$$A_{s,req} = 63.16 mm^2$$

4) 중립축 위치검토

$$c_{\max} = \left(\frac{\delta\epsilon_{cu}}{0.0033} - 0.6\right)d = \left(\frac{1.0(0.0033)}{0.0033} - 0.6\right)470 = 188mm$$

$$c = \frac{A_s f_{yd}}{f_{cd}\alpha b} = \frac{63.16(360)}{14.92(0.8)(1000)} = 19mm < c_{\max} \qquad \therefore O.K$$

5) 최소철근비 검토

$$\frac{1.4}{f_y} = \frac{1.4}{400} = 0.0035, \quad \frac{0.25\sqrt{f_{ck}}}{f_y} = \frac{0.25\sqrt{27}}{400} = 0.0033$$

$$A_{s,\min} = 0.0035 bd = 0.0035(1000)(470) = 1647 mm^2$$

$$\frac{4}{3}A_{s,req} = \frac{4}{3}(63.16) = 84.12 mm^2$$

최소철근비 기준을 만족하지 못하므로 소요철근량의 4/3와 비교하여 작은 값인 $84.12 mm^2$을 철근을 배근한다.

도로교설계기준 한계상태설계법의 최대 주인장 철근량과 압축철근의 항복조건에 대해 설명하시오.

1) 최대 주인장철근량 : 연성파괴유도

기존 도로교 설계기준에서는 압축부 콘크리트의 극한변형률 도달시 인장부 철근의 변형률의 최소값을 제한하여 연성파괴를 유도하였으나 한계상태설계법에서는 다음과 같이 중립축 위치의 최소값을 제한하여 연성파괴를 확보하도록 하고 있다. 이는 압축철근량 및 철근의 항복유무, 플랜지 복부형상과 무관하게 적용 가능하다.

$$c_{\min} = \left(\frac{\delta\epsilon_{cu}}{0.0033} - 0.6\right)d$$

2) 압축철근 항복조건

압축부 콘트리트 연단의 변형률이 0.0033일때 압축철근의 변형률이 ϵ_y가 되는 중립축 위치 c는 다음과 같다.

$c : 0.0033 = c - d' : \epsilon_y$
$c\epsilon_y = 0.0033c - 0.0033d'$
$(\epsilon_y - 0.0033)c = -0.0033d'$
$c = \dfrac{0.0033d'}{0.0033 - \epsilon_y}$

중립축을 중심으로 압축부와 인장부의 평형조건으로부터 압축철근이 항복하는 인장철근의 최소철근비는 다음과 같이 구할 수 있다.

$C = T$

$\alpha f_{cd}bc + A_s' f_{yd} = A_s f_{yd}$

$\alpha f_{cd}\dfrac{c}{d} + \dfrac{A_s'}{bd}f_{yd} = \dfrac{A_s}{bd}f_{yd}$

$\rho > \dfrac{\alpha f_{cd}}{f_{yd}}\dfrac{d'}{d}\dfrac{0.0033}{0.0033 - \epsilon_y} + \rho' = \dfrac{\alpha f_{cd}}{f_{yd}}\dfrac{d'}{d}\dfrac{660}{660 - f_y} + \rho'$

3.2.2 사용한계상태설계–균열검토

> 균열 제어를 위한 인장철근 간격제한 및 허용균열폭에 대하여 설명하시오.
> (106회 1-7)

1) 인장철근 간격제한 기준

① 콘크리트 구조기준 2012

철근 부식에 대한에 대한 균열의 영향은 논란의 여지가 많다. 이전에는 균열폭이 크면 철근부식이 더 빨리 진행되는 것으로 생각하였으나, 근래의 연구결과는 철근의 부식이 일반적인 사용하중 수준의 철근응력에서 발생하는 표면 균열과 직접적인 관계가 없는 것으로 나타나고 있다. 또 노출시험에서 부식을 방지하는 데는 콘크리트의 품질, 적절한 다짐, 충분한 콘크리트 피복 등이 콘크리트 표면의 균열폭보다 더 큰 중요성을 가진 것으로 지적되고 있다. 이에 콘크리트구조기준에서는 허용균열폭 대신 인장철근의 간격제한 규정으로 대체되었다.

$$s = 375\left(\frac{k_{cr}}{f_s}\right) - 2.5c_c$$

$$s = 300\left(\frac{k_{cr}}{f_s}\right)$$

k_{cr}은 건조환경에 노출되는 경우에는 280이고, 그 외의 환경에 노출되는 경우에는 210이다. c_c는 인장철근이나 긴장재의 표면과 콘크리트 표면 사이의 최소 두께이다. 철근이 하나만 배치된 경우에는 인장연단의 폭을 s로 하며, f_s는 사용하중 상태에서 인장연단에서 가장 가까이에 위치한 철근의 응력이다.

② 도로교설계기준 2016

균열폭은 엄밀하게 수행된 실험실의 실험 결과에서도 크게 분산된 결과를 보이며 수축이나 그 외의 시간에 종속된 영향을 받는다. 따라서 철근을 최대 콘크리트 인장영역에 고르게 분산시킴으로써 최선의 균열제어를 할 수 있다. 적당한 간격으로 여러 개의 철근을 배치하는 것이 동일한 단면적을 갖는 한, 두개의 철근을 배치하는 것보다 균열을 제어하는 데 더 효과적이다.

도로교설계기준 2016에서는 다음과 같이 철근의 응력수준에 따라 철근의 최대 지름과 최대간격을 제한함으로써 간접적으로 균열을 제어하는 방법을 제시하고 있다.

표 3-2 | 균열제어를 위한 최대철근 지름 (도·한 표 5.8.4)

철근응력(N/mm^2)	최대철근지름(mm)	
	철근콘크리트	프리스트레스트
160	32	25
200	25	16
240	16	12
280	12	8
320	10	6
360	8	5

표 3-3 | 균열제어를 위한 최대철근 간격 (도·한 표 5.8.5)

철근응력(N/mm^2)	최대철근지름(mm)		
	철근콘크리트	철근콘크리트 순수인장 단면	프리스트레스트
160	300	200	200
200	250	150	150
240	200	125	100
280	150	75	50
320	100	-	-
360	50	-	-

2) 허용균열폭 검토

인장철근 간격제한 검토 기준은 부재의 형상이나, 사용환경 등 내구성과 관련된 여러가지 특성을 반영하지 못한다. 따라서 구조물의 미관이 특별히 중요시 되거나, 수처리 구조물 등에서와 같이 균열에 대한 검증이 필요할 경우에는 균열간격 내의 평균 철근변형률과 평균 콘크리트변형률의 차이에 균열간격을 곱하여 균열폭을 계산하여 검토할 수 있다.

$$w_k = l_{r,\max}(\epsilon_{sm} - \epsilon_{cm})$$

$$(\epsilon_{sm} - \epsilon_{cm}) = \frac{f_s}{E_s} - \frac{0.4 f_{ctm}}{E_s \rho} > 0.6 \frac{f_{so}}{E_s}$$

여기서,

$l_{r,\max}$: 최대 균열 간격

ϵ_{sm} : 적합한 하중조합에 의해 발생된 철근 평균 변형률로 인장 강화 효과를 고려한 값

ϵ_{cm} : 인접된 균열 사이 콘크리트의 평균 변형률

f_{so} : 균열면에서 계산한 철근 인장응력

n : 탄성계수비 E_s/E_c

ρ_e : 유효 철근비

$$\rho_e = \frac{A_s + \xi_1^2 A_p}{A_{cte}}$$

여기서,

A_{cte} : 유효 인장 면적, 인장철근 주변 깊이 2.5(h-d), (h-c)/3 또는 $h/2$ 중에서 작은 값으로 구분된 영역의 면적

ξ_1^2 : $\xi_1^2 = \xi d_b/d_p$로 정의된 프리스트레스 강재의 부착 특성을 고려하기 위한 계수

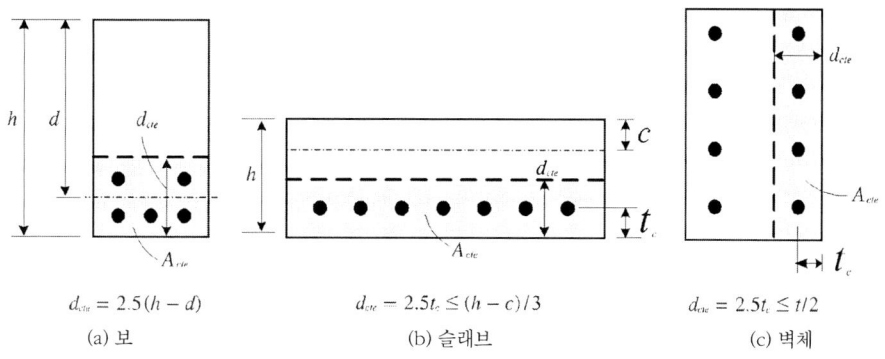

그림 3-3 | 유효 인장 면적 (도·한 그림 5.8.1)

인장증강 효과에 대해 설명하고 균열 안정화시 철근 변형률을 유도하시오.

(99회 1-4)

1) 정의

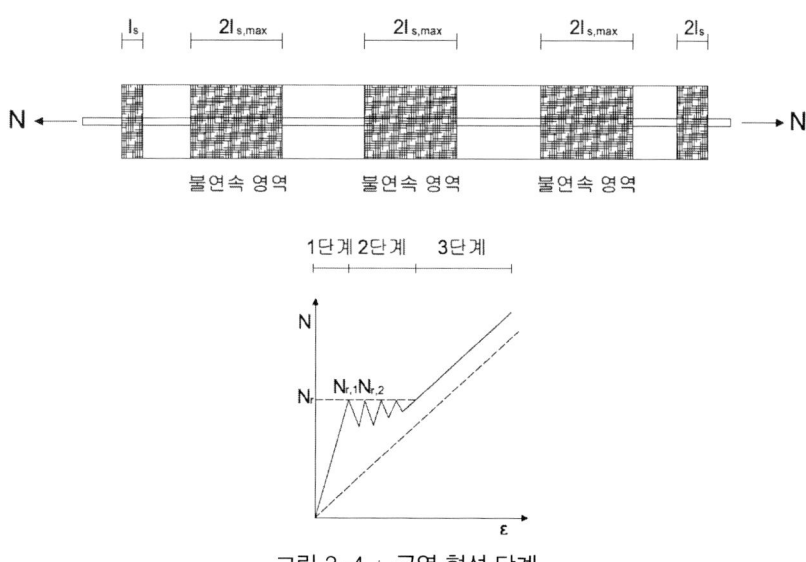

그림 3-4 | 균열 형성 단계

그림 3-4는 RC인장 부재의 하중증가에 따른 하중과 변형률의 관계를 나타낸다. 다음과 같이 3단계로 구분된다.

- 1단계 : 비균열 단계
- 2단계 : 첫 균열발생 후 부착에 의해 인근으로 하중이 전달되며 순차적으로 균열수의 증가
- 3단계 : 균열안정화 단계로 더 이상 균열 발생은 없으며 철근이 항복함

합성단면의 강성은 철근보다 크므로 균열발생 전까지는 기울기가 가파르게 진행되다가 일부 단면에 균열이 발생하면 균열과 동시에 힘은 철근이 모두 받게 되고 부착에 의해 인근 콘크리트로 힘이 전달되다가 다시 균열하중이 콘크리트에 발생하면 추가적인 균열이 발생된다. 이 때 균열 사이의 거리는 부착장의 1배에서 2배 사이가 되며 모든 균열이 이 거리에서 발생하면 더 이상 균열은 발생하지 않게 된다. 하중-변형률의 기울기는 철근만 있을 경우와 같아지게 되며 철근이 항복하게 되면 더 이상 하중은 증가되지 않는다. 이때 위 그래프에서와 같이 철근의 변형률 곡선과 평행구간에서 단차가 발생하는데, 이는 콘크리트의 인장저항에 의한 균열 사이의 콘크리트 요소가 인장강성에 기여하기 때문이며, 이를 인장증강(Tension Stiffness)효과라 한다.

2) 균열안정화시 철근의 변형률

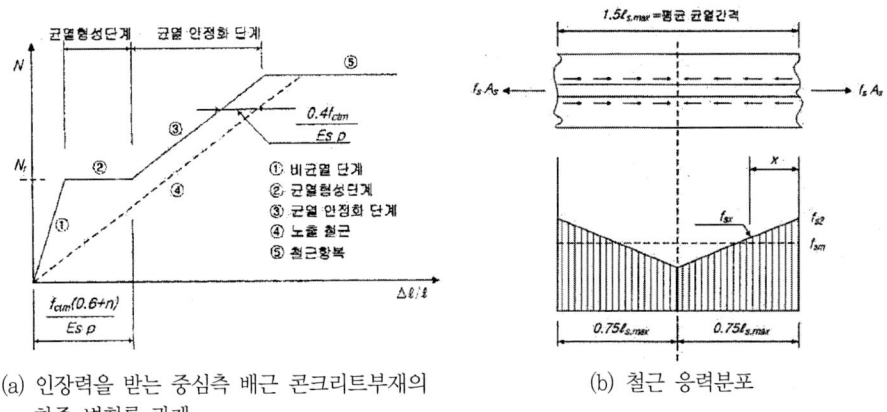

(a) 인장력을 받는 중심측 배근 콘크리트부재의 하중 변형률 관계

(b) 철근 응력분포

그림 3-5 | 인장력을 받는 부재의 하중 증가에 따른 변형률 및 철근 응력분포

균열간 거리를 $1.5l_{s,\max}$라 가정하면 균열면에서 $0.75l_{s,\max}$ 인 곳의 철근응력은 다음과 같다.

$$f_{sx} = f_s - \frac{0.75l_{s,\max}f_{bm}U}{A_s}, \ U: \text{철근의 윤변장}, \ A_s: \text{철근의 단면적}$$

균열발생시 축력은 $N = f_{ctm}A_c = f_{bm}l_{s,\max}U$ 이므로

$$l_{s,\max} = \frac{f_{ctm}A_c}{f_{bm}U}$$

$$f_{sx} = f_s - \frac{0.75f_{bm}U}{A_s}\left(\frac{f_{ctm}A_c}{f_{bm}U}\right) = f_s - 0.75\frac{f_{ctm}}{\rho}$$

중간지점의 응력을 대략적인 철근의 평균응력이라고 볼 때

$$f_{sm} = f_s - 0.375f_{ctm}/\rho$$

$$\epsilon_{sm} = \frac{f_s}{E_s} - \frac{0.375f_{ctm}}{E_s\rho} \simeq \epsilon_s - \frac{0.4f_{ctm}}{E_s\rho} = \epsilon_s - \epsilon_{ts}$$

초기경사 $N_r = A_c f_{ctm}(1+\rho n)$ 이어진 부분경사 $N = E_s A_s(\epsilon_s - \frac{0.4f_{ctm}}{E_s\rho})$라 하면 교차점에서의 철근 변형률은 다음과 같다.

$$A_c f_{ctm}(1+\rho n) = E_s A_s\left(\epsilon_s - \frac{0.4f_{ctm}}{E_s\rho}\right)$$

$$\epsilon_s = \frac{A_c f_{ctm}(1+\rho n)}{E_s A_s} + \frac{0.4f_{ctm}}{E_s\rho} = \frac{f_{ctm}(0.6+\alpha\rho)}{E_s\rho} \simeq \frac{0.6f_{ctm}}{E_s\rho}$$

인장부재의 변형률이 이 값보다 작으면, 이것은 균열 형상이 아직 균열 형성단계에 있다는 것을 뜻하고, 이 값보다 더 크다면 안정화되었다고 할 수 있다.

3.2.3 사용한계상태설계─처짐검토

그림과 같은 균일단면을 갖는 철근콘크리트 캔틸레버 보의 자유단에서 발생하는 순간처짐과 10년 후의 최종처짐을 구하시오.
f_{ck} = 27 MPa, f_y = 400 MPa, 단위질량 γ_c = 2,550 kg/m^3
D25의 단면적 $A_b = 507mm^2$이고, 단면 치수의 단위는 mm이다.

(89회 3-5 전환문제)

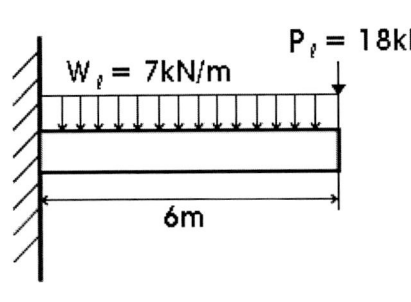
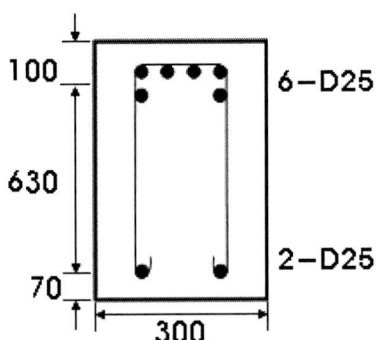

1) 부재력 계산

$$M_l = \frac{w_l l^2}{2} + P_l l = \frac{7 \times 6^2}{2} + 18(10) = 126 + 180 = 306 kN.m$$

$$w_d = 0.8(0.30)(25.5) = 6.12 kN/m$$

$$M_d = \frac{w_d l^2}{2} = \frac{6.12 \times 6^2}{2} = 110.16 kN.m$$

$$M_a = M_l + M_d = 306 + 110.16 = 416.16 kN.m$$

2) 균열모멘트(M_{cr})

- 평균인장강도(f_{ctm}) = $0.3(f_{cm})^{2/3} = 0.3(f_{ck} + \Delta f)^{2/3} = 0.3(27+4)^{2/3}$
  $= 2.96 MPa$

- 휨인장강도$(f_{ctm.fl}) = (1.6 - h/1000)f_{ctm} = (1.6 - 800/1000)f_{ctm}$
$$= 0.8f_{ctm} < f_{ctm} \Rightarrow f_{ctm.fl} = f_{ctm}$$

$$I_g = \frac{300(800)^3}{12} = 1.28 \times 10^{10} mm^4$$

$$M_{cr} = \frac{I_g}{y_c} f_{ctm.fl} = \frac{1.28 \times 10^{10}}{400} \times 2.96 = 94.72 \times 10^6 N.mm = 94.72 kN.m$$

3) 즉시처짐

$$\Delta_e = \zeta \Delta_{crack} + (1-\zeta)\Delta_{crack}$$

$$E_c = 0.077 m_c^{1.5} \sqrt[3]{f_{cm}} = 0.077(2550)^{1.5} \sqrt[3]{27+4} = 31147 MPa$$

$$n = \frac{E_s}{E_c} = \frac{2.0 \times 10^5}{31147} = 6.42 \;,\; A_s = 6(507) = 3042 mm^2$$

균열단면의 중립축거리$(y_{c,cr})$

$$\frac{1}{2}by_{c,cr}^2 = nA_s(d - y_{c,cr})$$

$$150 y_{c,cr}^2 = 6.42(3042)(700 - y_{c,cr})$$

$$y_{c,cr} = 244 mm$$

$$I_{cr} = \frac{by_{c,cr}^3}{3} + nA_s(d - y_{c,cr})^2 = \frac{300(244)^3}{3} + 6.42(3042)(700 - 244)$$

$$= 5,513,593,623 mm^4$$

균열단면응력$(f_{so}) = \dfrac{M_a}{A_s(d - y_{c,cr}/3)} = \dfrac{414.14 \times (10^6)}{3042(700 - 244/3)} = 220.06 MPa$

균열직후응력$(f_{sr}) = \dfrac{M_{cr}}{A_s(d - y_{c,cr}/3)} = \dfrac{94.72 \times (10^6)}{3042(700 - 244/3)} = 50.33 MPa$

$\beta = 0.5$ (장기하중)

$$\zeta = 1 - \beta \left(\frac{f_{sr}}{f_{so}}\right)^2 = 1 - 0.5 \left(\frac{50.33}{220.06}\right)^2 = 0.974$$

$$\Delta_{crack} = \frac{P_l l^3}{3E_c I_{cr}} + \frac{w_l l^4}{8E_c I_{cr}} + \frac{w_d l^4}{8E_c I_{cr}}$$

$$= \frac{18 \times 10^3 (6000)^3}{3(31,147)(5,513,593,623)} + \frac{7(6000)^4}{8(31,147)(5,513,593,623)}$$

$$+ \frac{6.12(6000)^4}{8(31,147)(5,513,593,623)}$$

$$= 7.55 + 6.60 + 5.77 = 19.92 mm$$

$$\Delta_{uncrack} = \frac{P_l l^3}{3E_c I_g} + \frac{w_l l^4}{8E_c I_g} + \frac{w_d l^4}{8E_c I_g}$$

$$= \frac{18 \times 10^3 (6000)^3}{3(31,147)(1.28 \times 10^{10})} + \frac{7(6000)^4}{8(31,147)(1.28 \times 10^{10})}$$

$$+ \frac{6.12(6000)^4}{8(31,147)(1.28 \times 10^{10})}$$

$$= 3.25 + 2.84 + 2.48 = 8.57 mm$$

$$\Delta_e = \zeta \Delta_{crack} + (1-\zeta)\Delta_{crack} = 0.974(19.92) + (1-0.974)(8.57)$$

$$= 19.62 mm$$

4) 장기처짐

$$\phi = \frac{\xi}{1+50\rho'} = \frac{2}{1+50(0.0048)} = 1.613$$

$$\xi = 2.0, \ \rho' = \frac{A_s'}{bd} = \frac{2(507)}{300(700)} = 0.0048$$

$$E_{ce} = \frac{E_c}{1+\phi(\infty, t_o)} = \frac{31147}{1+1.613} = 11920 MPa$$

$$\Delta_{long,crack} = \frac{w_d l^4}{8E_{ce} I_{cr}} = \frac{6.12(6000)^4}{8(11920)(5,513,593,623)} = 15.09 mm$$

$$\Delta_{long,uncrack} = \frac{w_d l^4}{8E_{ce} I_g} = \frac{6.12(6000)^4}{8(11920)(1.28 \times 10^{10})} = 6.50 mm$$

$$\Delta_{long} = \zeta \Delta_{crack} + (1-\zeta)\Delta_{crack} = 0.974(15.09) + (1-0.974)(6.50)$$

$$= 14.87 mm$$

$$\Delta_{total} = \Delta_e + \Delta_{long} = 19.62 + 14.87 = 34.49 mm$$

3.2.4 사용한계상태설계-피로검토

> 폭 b=500mm, 유표깊이 d=540mm, 인장철근 As =5-D25=2533mm2인 단철근 직사각형 단면의 단순보가 사용 고정하중모멘트 90kN.m, 충격을 포함한 사용 활하중 모멘트 150kN.m를 받고 있다. 피로에 대하여 검토하시오(단, fck=24MPa, fy=400MPa, n=Es/Ec=7).
> (92회 3-4 전환문제)

1) 원칙

① 교번하중이 작용하는 구조부재에 대해서 실시하며, 철근에 대해서만 수행
② 다중거더 구조의 콘크리트 바닥판은 필요 없음
③ $M_d + M_p + (0.75)1.5M_l$에 의한 인장이 $0.25\sqrt{f_{ck}}$ 초과시 균열단면으로 검토
④ 고정하중과 프리스트레스에 의한 압축응력이 피로하중 조합의 2배 보다 작은 경우만 피로검토

2) 하중계산

$$M_{FAT} = 0.75 M_{L+I} = 0.75(150) = 112.5 kN.m$$

3) 균열판정

$$0.25\sqrt{f_{ck}} = 0.25\sqrt{24} = 1.22 MPa$$

$$M_d + 1.5 M_{FAT} = 90 + 1.5(112.5) = 258.75 kN.m$$

$$I = \frac{500(600)^3}{12} = 9 \times 10^9 mm^4$$

$$f = \frac{M}{I}y = \frac{258.75 \times 10^6}{9 \times 10^9}(300) = 8.625 MPa > 1.22 (= 0.25\sqrt{f_{ck}})$$

⇒ 균열단면

4) 균열단면 계산

$$500\frac{y_c^2}{2} = nA_s(d-y_c)$$

$$250y_c^2 = 7(2533)(540-y_c) \quad \Rightarrow \quad y_c = 163.4mm$$

5) 피로검토

$$f_{FAT} = \frac{M_{FAT}}{A_s(d-y_c/3)} = \frac{112.5 \times 10^6}{2533(540-163.4/3)} = 91.47MPa < 166 - f_{\min}$$

$f_{\min}$: 피로하중조합에의한 최소 활하중 응력(인장일 때 +)

3.3 전단설계

3.3.1 경사압축장

| 경사압축장(Diagonal Compression Field)에 대해 설명하시오. (107회 1-11)

1) 정의

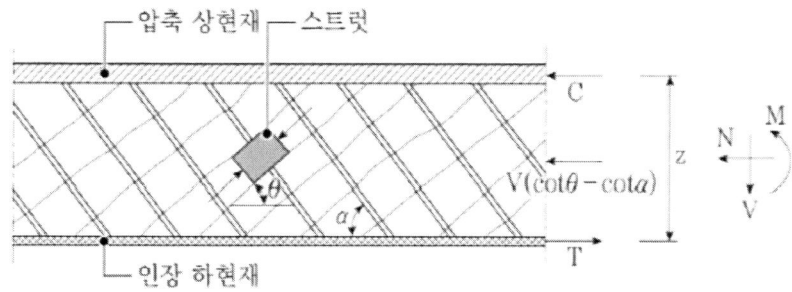

그림 3-6 | 경사압축장 이론의 트러스 모델 (도·한 그림 5.7.3)

전단력을 받는 부재의 복부에 경사균열이 발생하면 균열면을 통하여 인장력이 전달되지 않고 콘크리트는 1방향 압축력만을 발휘하는 경사압축대 기능을 하게 된다. 그림 3-6에서와 같이 부재의 복부는 균열에 의해 구획된 콘크리트 경사 스트럿과 전단 철근과 상하현재에 의한 트러스가 형성 되어 전단력에 저항하며, 이때 경사각 θ는 힘의 평형조건만으로 정의할 수 없는 내정 부정정 문제에 해당한다. 전단철근이 배치된 부재의 극한한계상태에서 전단 철근이 항복한다는 전제에 바탕을 둔 변각 트러스모델로 설계에 사용하는 경사각은 22°에서 45°범위에서 설계자가 선택하여 설계할 수 있다.

2) **한계상태설계법의 전단강도**

경사압축장 이론은 압축대의 연직분력으로 전단력에 저항한다고 가정하며 콘크리트와 철근의 전단강도는 다음 식과 같이 나타낸다.

$$V_{cd} = [\phi_c 0.85 k (\rho f_{ck})^{1/3}] b_w d$$

경사압축장 이론에서는 작용전단력이 콘트리트 전단저항강도보다 클 경우 콘크리트의 전단강도 기여는 무시하며 철근에 의한 전단강도만 유효다. 이때 전단강도는 압축대의 강도를 초과 할 수 없다.

$$V_{sd} = \frac{\phi_s f_{yv} A_v z}{s} \cot\theta, \quad V_{d,\max} = \frac{v\phi_c f_{ck} b_w z}{\cot\theta + \tan\theta}$$

또, 트러스의 수평 분력은 수평인장철근이 부담하게 되며, 다음의 수평력에 대하여 인장철근은 추가적으로 저항할 수 있도록 설계되어야 한다.

$$\Delta T = V_u (\cot\theta - \cot\alpha)$$

3.3.2 T형보의 전단설계

그림과 같은 단순보의 A-A 단면에 배치해야 할 수직스터럽 간격을 설계기준의 규정에 따라 구하시오. 이 때 전단력은 포락전단력선도를 작도하여 구한다 (단, f_{ck} = 27 MPa, f_y = 350 MPa D10의 단면적 A_b = 71.3 mm^2 이고, A-A 단면에 있는 치수는 mm 이다).

(89회 2-4 전환문제)

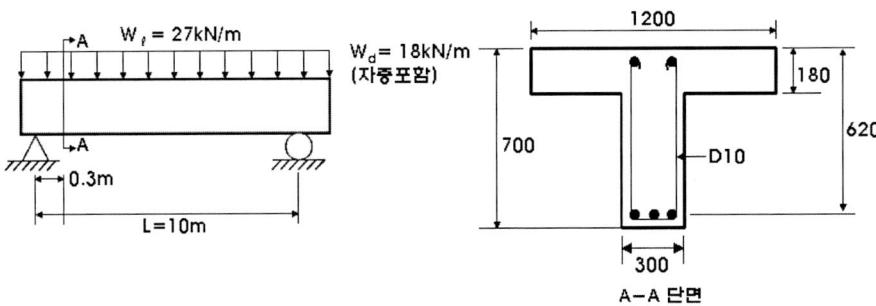

1) 부재력 계산

① 고정하중

$R_a = w_d(10/2) = 18(10/2) = 90kN$

$M_x = 90x - \dfrac{18}{2}x^2 = 90x - 9x^2, \; V_x = 90 - 18x$

② 활하중

$R_a = w_w(10/2) = 27(10/2) = 135kN$

$M_x = 135x - \dfrac{27}{2}x^2 = 135x - 13.5x^2, \; V_x = 135 - 27x$

③ 합성하중

$w_u = 1.25DC + 1.8LL = 1.25(18) + 1.8(27) = 71.1kN/m$

$R_a = w_u(10/2) = 355.5kN$

$V_x = 355.5 - w_u x$

$V_{\max} = 355.5 - 71.1(0.62) = 311.42kN$

2) 콘크리트 전단강도

$V_{cd} = [0.85\phi_c \kappa (\rho f_{ck})^{1/3}]b_w d$

$\quad = 0.85(0.65)(1.57)(0.0032 \times 27)^{1/3}(300)(620) = 68.58kN$

$\left(\kappa = 1 + \sqrt{200/d} = 1 + \sqrt{200/620} = 1.57, \; \rho = \dfrac{A_s}{bd} = \dfrac{600}{300(620)}\right)$

$\quad = 0.0032$

$V_{cd,\min} = 0.4\phi_c f_{ctk} b_w d = 0.4(0.65)(0.21)(27+4)^{2/3}(300)(620) = 100kN$

$V_{cd} = \max(68.58, 100) = 100kN$

$V_u = 311.4 > V_{cd} \Rightarrow$ 철근보강필요

3) 소요철근량산정

$$V_{sd} = \frac{\phi_s f_{yv} A_s z}{s} \cot\theta \geq V_u, \cot\theta = 2.5 \text{ 가정}$$

$Z = 0.9d = 0.9(620) = 558mm$

$$S \leq \frac{\phi_s f_{yv} A_s z \cot\theta}{V_u} = \frac{0.9(350)(142.6)(558)}{311.4 \times 10^3}(2.5) = 201mm$$

∴ D10 철근을 200mm 간격으로 배근한다.

4) 최소철근량 및 최대전단철근간격검토

$$\rho_{\min} = \frac{0.08\sqrt{f_{ck}}}{f_y} \leq \frac{A_s}{b_w s}$$

$$s(=200mm) \leq \frac{A_s f_y}{b_w 0.08\sqrt{f_{ck}}} = \frac{142.6(350)}{300(0.08)\sqrt{27}} = 410mm$$

∴ 최소전단철근비 만족

$$s(=200mm) < s_{\max} = 0.75d = 0.75(620) = 465mm$$

∴ 최대전단철근간격 만족

5) 최대전단강도

$$v = 0.6\left(1 - \frac{f_{ck}}{250}\right) = 0.6\left(1 - \frac{27}{250}\right) = 0.5352$$

$$V_{d,\max} = \frac{v\phi_c f_{ck} b_w z}{\cot\theta} = \frac{0.5352(0.65)(27)(300)(558)}{2.5} = 628 > V_u(311.4kN)$$

6) 주철근 추가인장력

$\Delta T = 0.5 V_u \cot\theta = 0.5(311.4)(2.5) = 389.25kN$

3.4 비틀림 부재의 설계

비틀림 모멘트가 작용하는 RC보를 설계하시오(단, 피복두께는 45mm이며, 주어진 조건외의 설계변수는 가정하시오).   (90회 4-2 전환문제)

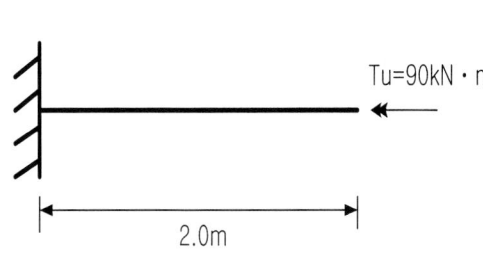
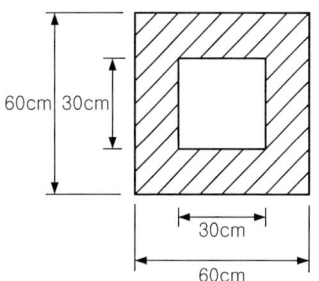

$f_{ck} = 35MPa$, $f_y = 400MPa$

$D16(A_{s1} = 2.0cm^2)$, $E_s = 2.0 \times 10^5 MPa$, $n = 8$

(1) 비틀림 모멘트도를 그리시오.

$T_x = 90kN.m$, $x : 0 \sim 2$

(2) 위의 비틀림 모멘트를 받는 RC보에서 철근량을 계산하시오.

① 전단력 계산

$A_0 = (h - t_c^{'})(h - t_c^{'}) = (600 - 150)(600 - 150) = 202{,}500 mm^2$

(속이 채워진 단면의 경우 $t_c^{'} = A_{cp}/P_{cp} = 600^2/4(600) = 150mm$)

$q = \dfrac{T_u}{2A_0} = \dfrac{90 \times 10^6}{2(202500)} = 222.2 MPa$

$V_u = qy_i = 222.2(450) = 100kN$

② 전단강도검토

$\rho = 490/(150 \times 542.5) = 0.006 < 0.02 \, (H25 - 1EA로 \, 가정 \, A_s = 490mm^2)$

$k = 1 + \sqrt{200/d} = 1 + \sqrt{200/542.5} = 1.6$

$V_{cd} = 0.85\phi_c k(\rho f_{ck})^{1/3} b_w d = 0.85(0.65)(1.6)(0.006 \times 35)^{1/3}(150)(542.5)$

$\qquad = 42.76 kN$

$V_{\min} = 0.4 f_{tck} \phi_c b_w d = 0.4(2.415)(0.65)(150)(542.5) = 51.09 kN,$

$V_{cd} < V_{\min} \therefore O.K$

$V_{cd} < V_u \Rightarrow$ 전단철근 필요

③ 비틀림 전단철근

$V_{sd} = \dfrac{\phi_s A_{st} y_{st} z}{s} \cot\theta \geq V_u, \; z = 0.9d = 0.9(542.5) = 488.25mm,$

$\theta = 30°$ 가정, $\cot\theta = 1.732$

$s \leq \dfrac{\phi_s A_{st} y_{st} z}{V_u} \cot\theta = \dfrac{0.9(71.3)(400)(488.25)}{100 \times 10^3} 1.732 = 217 \Rightarrow use \, 200mm$

$s_{\max} = \min(0.75d, 600) = \min(0.75(542.5), 600) = 406mm > s \therefore O.K$

④ 종방향 철근

$\sum A_{sl} = \dfrac{T_u P_0}{2\phi_s f_y A_0} \cot\theta = \dfrac{90 \times 10^6 (4 \times 450)}{2(0.9)(400)(450^2)}(1.732) = 1924mm^2$

1면당 $1924/4 = 481 mm^2$, $use \, D25 - 1EA \, (A_s = 490mm^2)$

(3) 비틀림 철근의 배근도를 스케치하고 설명하시오.

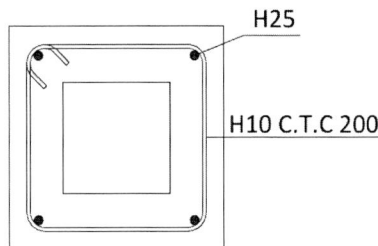

① 비틀림 보강철근으로 H10 철근을 200mm 간격으로 배근하며, 135° 갈고리를 적용해 폐합철근을 사용하여야 한다.
② 종방향 철근은 각 모서리에 H25 한가닥 씩을 배근 한다.

3.5 기둥 부재의 설계

> 휨과 압축력을 동시에 받는 부재설계시 한계상태설계법과 강도설계법을 비교 설명하시오.

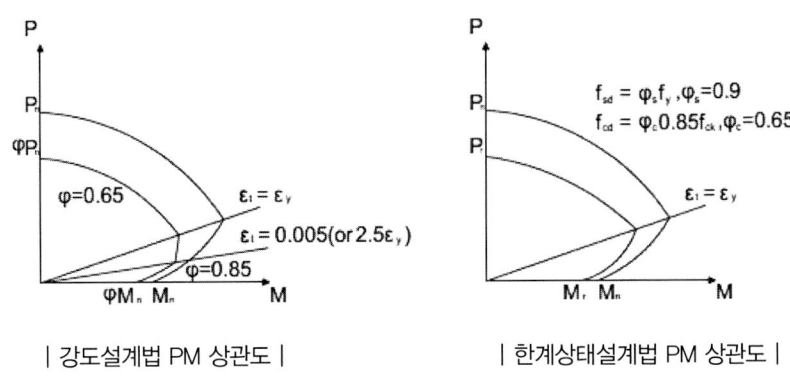

| 강도설계법 PM 상관도 | | 한계상태설계법 PM 상관도 |

철근콘크리트 부재는 압축에 저항하는 콘크리트와 인장에 저항하는 철근의 합성 부재로 콘크리트가 먼저 파괴될 경우 취성파괴가 발생하며, 철근이 먼저 항복할 경우 연성파괴가 일어나므로 연성 파괴를 유도하기 위해 과소철근 부재로 설계하도록 하고 있다. 휨과 압축을 동시에 받은 부재는 철근비에 따라 인장 혹은 압축파괴가 발생하며 강도설계법의 경우 철근 변형률이 0.005 이상에서 파괴될 때는 강도감소계수를 $\phi=0.85$로 적용하고 균형철근비 일 때, 즉 $\epsilon_t = \epsilon_y$ 일 경우를 기준으로 보다 작을 때는 $\phi=0.65$, ϵ_y에서 0.005 사이일 때는 직선 보간하여 사용한다. 이는 안전률을 부재에 대해 적용함으로써 합성되는 각 재료의 특성을 직접적으로 반영할 수 없는 강도설계법의 한계이다.

한계상태설계법에서는 콘크리트는 $\phi_c=0.65$, 철근은 $\phi_s=0.9$로 각 재료의 강도에 안전률을 적용해 설계강도를 결정 후 부재강도를 산정함으로써 재료적 특성을 자연스럽게 반영하게 된다. 철근의 파괴가 지배적인 경우는 철근의 강도감소계수의 영향이 크므로 부재의 강도 저감도 작아지고 콘크리트의 파괴가 지배적일 경우는 부재의 강도 저감도 커지게 된다.

다음과 같은 사각기둥(단주)에서 다음 사항들을 계산하시오. (86회 2-2 전환문제)

여기서, $f_{ck} = 24MPa$, $f_y = 300MPa$, $E_s = 2.0 \times 10^5 MPa$,
$As = 3,000mm^2$, $As' = 1,000mm^2$

가. 균형하중 P_b 와 M_b, e_b
나. 인장파괴영역 (중립축 C = 200mm일 때)의 P_n 과 M_n, e
다. 압축파괴영역 (중립축 C = 500mm일 때)의 P_n 과 M_n, e

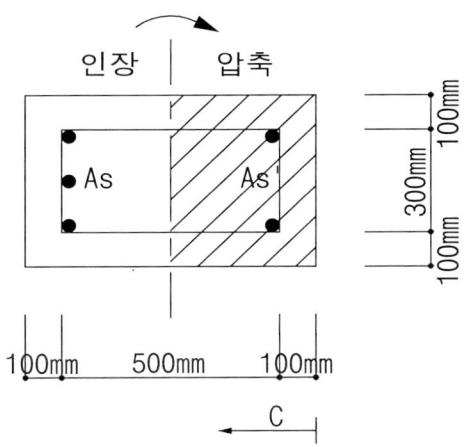

1) 소성중심계산

전체단면에 축압축력을 받을 경우 콘크리트 최대변형률은 0.002로 철근의 응력은 항복변형률을 검토하여 산정되어야 한다.

$\alpha = 0.8$, $\beta = 0.4$, $\phi_c = 0.65$, $\phi_s = 0.9$

$\epsilon_{co} = 0.002$, $f_s = \epsilon_{co} E_s = 0.002(2.05 \times 10^5) = 410 > f_y \Rightarrow f_s = f_y$

$f_{cd} = \phi_c 0.85 f_{ck} = 0.65(0.85)(24) = 13.26 MPa$

$f_{yd} = \phi_s f_y = 0.9(300) = 270 MPa$

$C_c = f_{cd}(A_g - A_s - A_s') = 13.26(24)(700 \times 500 - 4000) = 4,587,960 N$

$$C_s = f_{yd}A_s = 270(3000) = 810,000N$$

$$C_s^{'} = f_{yd}A_s^{'} = 270(1000) = 270,000N$$

$$\sum C_i = 5,667,960N$$

$$x_c = \frac{C_c(350) + C_s(100) + C_s^{'}(600)}{\sum C_i} = 326.2mm, \ x_c^{'} = h - x_c = 373.8$$

2) 축력만 작용시

$$P_0 = C_c + C_s + C_s^{'} = 5,667,960N$$

$$P_{\max} = 0.8P_0 = 4,534,368N$$

3) 균형기둥

$$d - c_b : c_b = \epsilon_{yd} : \epsilon_{cu}, \ \epsilon_{yd} = f_{yd}/E_s$$

$$= 0.9(300)/(2 \times 10^5) = 0.00135$$

$$c_b\epsilon_{yd} = (d-c_b)\epsilon_{cu} \ \Rightarrow \ (\epsilon_{yd} + \epsilon_{cu})c_b = \epsilon_{cu}d$$

$$c_b = \frac{\epsilon_{cu}}{c_{yd} + \epsilon_{cu}} = \frac{660}{f_{yd} + 660}600 = 425.8mm$$

- 압축철근의 항복검토

$$\epsilon_s^{'} = \frac{425.8 - 100}{425.8}(0.0033) = 0.0025 > \epsilon_{yd}, \quad \text{철근이 항복 하므로 } f_s^{'} = f_y$$

$$C_c = f_{cd}\alpha c_b b = 13.26(0.8)(425.8)(500) = 2,258,443N$$

$$C_s^{'} = (f_{yd} - f_{cd})A_s^{'} = (270 - 13.26)(1000) = 256,740N$$

$$T_s = f_{yd}A_s = 270(3000) = 810,000N$$

$$P_b = C_b + C_s^{'} - T_s = 2,258,443 + 256,740 - 810,000 = 1,704,000N$$

$$= 1,704kN$$

$$M_b = C_b(373.8 - 0.4(425.8)) + C_s(373.8 - 100) + T_s(326.2 - 100)$$
$$= 713.07 kN.m$$

4) 압축파괴기둥

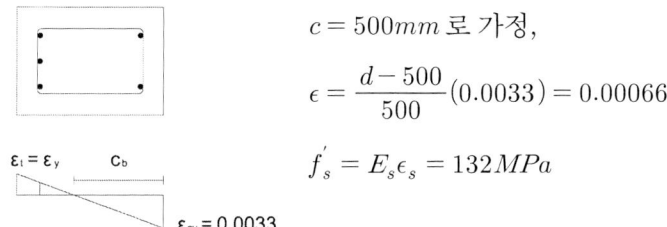

$c = 500mm$ 로 가정,

$$\epsilon = \frac{d-500}{500}(0.0033) = 0.00066$$

$$f_s^{'} = E_s \epsilon_s = 132 MPa$$

$$C_c = f_{cd} \alpha c_b b = 13.26(0.8)(500)(500) = 2,652 kN$$

$$C_s^{'} = (f_{yd} - f_{cd})A_s^{'} = (270 - 13.26)(1000) = 256.74 kN$$

$$T_s = \phi_s f_s A_s = 0.9(132)(3000) = 356.4 kN$$

$$P_b = C_b + C_s^{'} - T_s = 2,652 + 256.74 - 356 = 2,552.34 kN$$

$$M = C_c(373.8 - 0.4(500)) + C_s(373.8 - 100) + T_s(326.2 - 100) = 611.83 kN.m$$

5) 인장파괴기둥

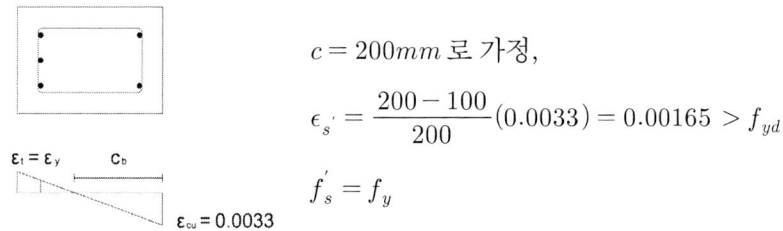

$c = 200mm$ 로 가정,

$$\epsilon_{s^{'}} = \frac{200-100}{200}(0.0033) = 0.00165 > f_{yd}$$

$$f_s^{'} = f_y$$

$$C_c = f_{cd} \alpha c_b b = 13.26(0.8)(200)(500) = 1,060.8 kN$$

$$C_s^{'} = (f_{yd} - f_{cd})A_s^{'} = (270 - 13.26)(1000) = 256.74 kN$$

$$T_s = f_{yd} A_s = 270(3000) = 810 kN$$

$$P_b = C_b + C_s^{'} - T_s = 1{,}060.8 + 256.74 - 810 = 507.54 kN$$
$$M = C_c(373.8 - 0.4(200)) + C_s(373.8 - 100) + T_s(326.2 - 100)$$
$$= 565.18 kN.m$$

6) 순수휨파괴

● 압축철근의 항복검토

$$\frac{\alpha f_{cd}}{f_{yd}}\frac{d^{'}}{d}\frac{620}{620 - f_{yd}} + \rho^{'} = \frac{0.8(13.26)}{270}\frac{100}{600}\frac{620}{620 - 270} + \frac{1000}{500(600)}$$
$$= 0.0116 + 0.0033 = 0.0149$$

$$\rho = \frac{3000}{500(600)} = 0.01 < 0.0149 \Rightarrow 압축철근은 항복하지 않음$$

$$\epsilon^{'} = \frac{c - d^{'}}{c}0.0033 \quad \Rightarrow f_s^{'} = \frac{c - d^{'}}{c}660$$

$$f_{cd}\alpha cb + A_s\phi_s(c - 100)(660)/c = A_s f_{yd}$$

$$13.26(0.8)(500)c^2 + 1000(0.9)(c - 100)(600) = 3000(270)c$$

$$c = 128.12mm$$

$$M_r = f_{yd}A_s(d - \beta c) = 270(3000)(600 - 0.4(128.12)) = 444.49 kN.m$$

7) PM상관도

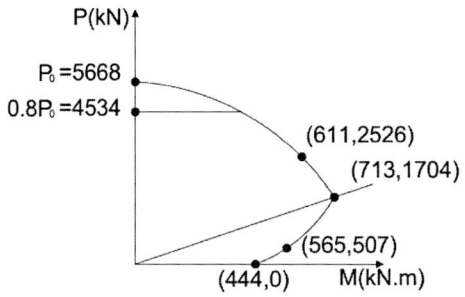

3.6 스트럿 타이 설계

3.6.1 라멘 우각부 스트럿 타이 설계

다음 그림과 같은 라멘 구조물의 접합부를 Strut-Tie 모델을 이용하여 해석하고, 헌치 보강철근량 산정 및 보강 철근의 배치 범위를 개략적으로 그리시오(단, 계수모멘트 Mu=1,000 KN.m, f_{ck} = 35 MPa, f_y = 400 MPa 사용 주철근은 H29(A_s=642.4mm2) - c.t.c 125, 피복은 100mm, 스트럿 유효압축강도 산정시 β s는 전 길이가 걸쳐 스트럿 길이가 일정한 경우 1.0, 경사 스트럿의 경우 0.6 적용, Strut구역이나 Tie 구역은 도로교 설계 기준으로 하고, 이 규정이 없는 경우는 가정. 단면 치수 단위는 mm 임). (88회 4-1 전환문제)

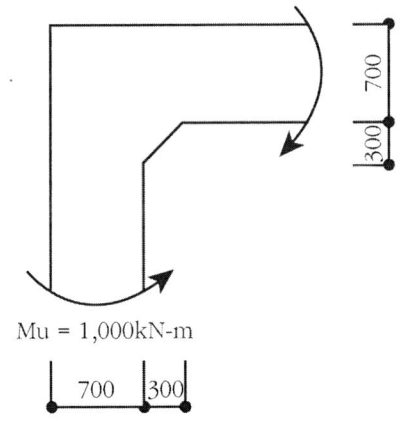

Mu = 1,000kN-m

1) 스트럿 타이 모델 구성

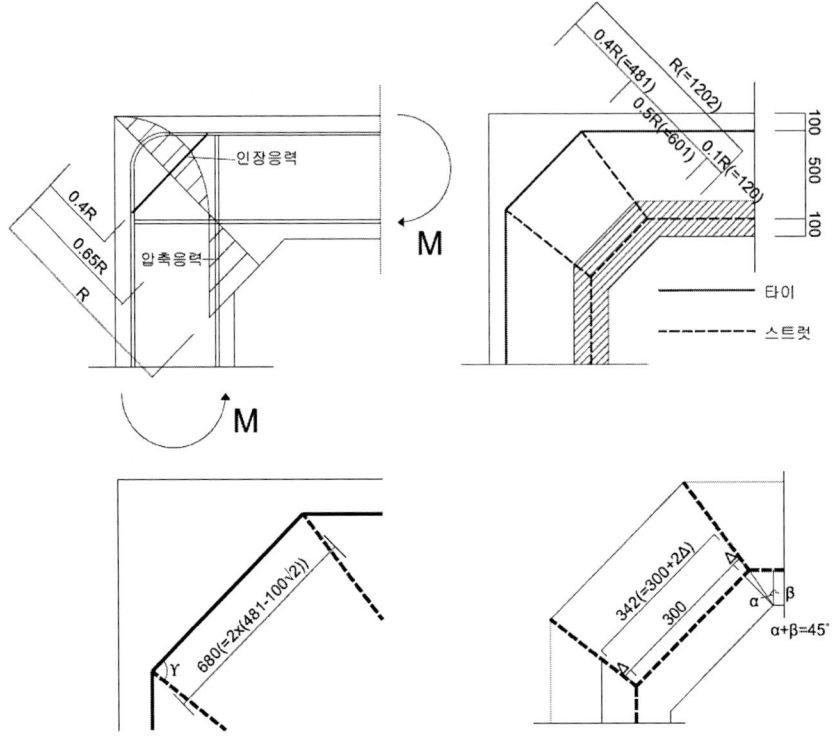

$$T(0.5) = 1000 \Rightarrow T = 2000 kN ,$$
$$R = \sqrt{700^2 + 700^2} + 300/\sqrt{2} = 1202 mm$$
$$120/\cos\alpha = 100/\cos\beta$$
$$120\cos\beta = 100\cos(45 - \beta)$$
$$\beta = 34.9°, \ \alpha = 45 - \beta = 45 - 34.9 = 10.1°$$
$$\Delta = \sin\alpha(120) = 21 mm$$
$$\tan\gamma = 601/\{(680 - 300 - 2 \times 21)/2\} = 3.556 \Rightarrow \gamma = 74.3°$$

스트러 타이 모델은 다음과 같다.

여기서 실선으로 표현된 부재 AB는 타이이며, 점선으로 표현된 부재 AC, BD, CD는 스트럿이 된다.

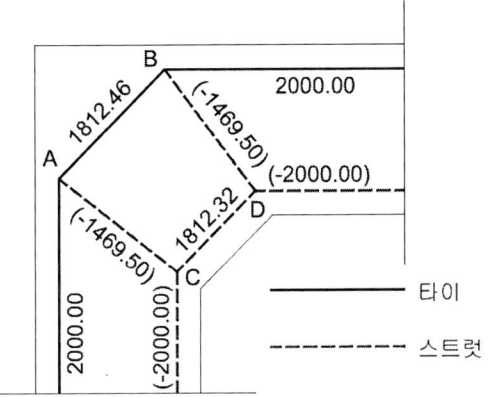

2) 트러스 해석

● 절점 A의 평형조건

① $\sum F_x = 0$;

$F_{AB}\cos 45 = F_{AC}\cos(74.3 - 45)$

$0.707 F_{AB} - 0.872 F_{AC} = 0$

② $\sum F_y = 0$;

$F_{AB}\sin 45 - 2000 + F_{AC}\sin(74.3 - 45) = 0$

$0.707 F_{AB} + 0.489 F_{AC} = 2000$

위 연립방정식을 메트릭스 형태로 정리하면 다음과 같다.

$$\begin{bmatrix} 0.707 & -0.872 \\ 0.707 & 0.489 \end{bmatrix} \begin{bmatrix} F_{AB} \\ F_{AC} \end{bmatrix} = \begin{bmatrix} 0 \\ 2000 \end{bmatrix}$$

행렬 방정식을 풀면 F_{AB}, F_{AC} 는 다음과 같다.

$F_{AB} = 1812.46 kN$(인장), $F_{AC} = 1469.5 kN$(압축)

3) 철근량계산

$$A_{req} = \frac{T_u}{\phi_s f_y} = \frac{1812.46 \times 10^3}{0.9(400)} = 5034.61$$

$$n = \frac{A_{req}}{A_b} = 7.8 \Rightarrow H29 - 8EA\,(C.T.C\ 125mm)$$

4) 스트럿 검토

$$f_{cd,\max} = 0.6(1 - f_{ck}/250)\phi_c f_{ck} = 0.6(1 - 35/250)(0.65)(35) = 11.74 MPa$$

$$w_{req}(F_{CE}) = \frac{2000 \times 10^3}{11.74(1000)} = 170.35 \Rightarrow use\ 180mm$$

$$w_{req}(F_{AC}) = \frac{1469.5 \times 10^3}{11.74(1000)} = 125.17 \Rightarrow use\ 130mm$$

$$w_{req}(F_{CD}) = \frac{1812.32 \times 10^3}{11.74(1000)} = 154.34 \Rightarrow use\ 160mm$$

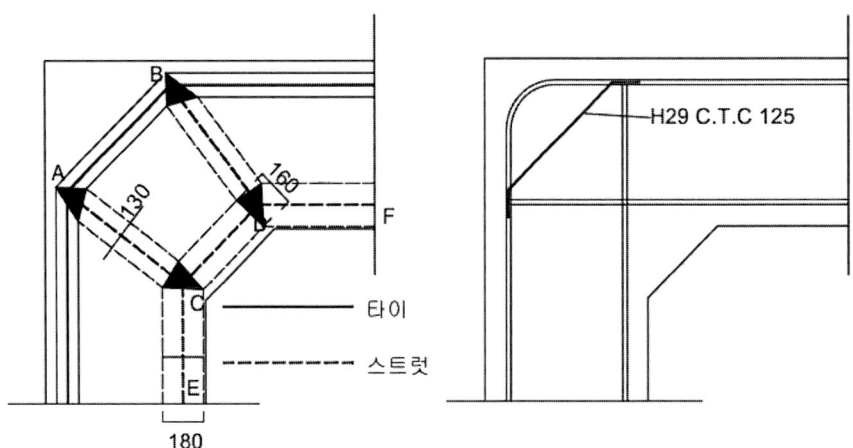

※ 절점구역 최소강도 $f_{cd,\max} = 0.75(1 - f_{ck}/250)\phi_c f_{ck}$ 보다 스트럿 강도가 작으므로 절점구역 검토는 생략 한다.

3.7 내구성설계

다음 그림과 같은 교각을 도로교설계기준(한계상태설계법)에 의하여 설계하고자 한다. 내구성 및 사용성과 관련된 다음의 조건들에 대하여 각각 설명하시오(단, 환경조건은 해상지역이고 사용 주철근은 코핑부에는 D25, 기둥부에는 D32, 기초에는 D29를 적용한다).
(1) 환경조건에 따른 노출등급
(2) 노출등급에 따른 최소 콘크리트 압축강도
(3) 콘크리트의 최소피복두께

(106회 3-3)

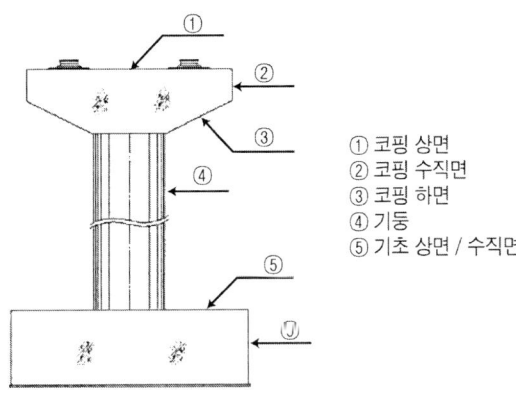

① 코핑 상면
② 코핑 수직면
③ 코핑 하면
④ 기둥
⑤ 기초 상면 / 수직면

1) 환경조건에 따른 노출등급

(1) 탄산화

①~④ 비에 의해 건습이 반복되는 조건으로 EC4로 분류
⑤ 지중 매입부로 가끔 건조하며 대부분 습윤한 상태이므로 EC2로 분류

(2) 해수와 염화물

①~③ 해수의 직접접촉이 없는 공기중 염분 노출조건으로 ES1로 분류
④ 비말대로 ES3로 분류

⑤ 해수에 영구적으로 침수되므로 ES2로 분류

(3) 동결, 융해

①~④ 해수에 노출된 콘크리트면으로 EF4로 분류

2) 노출등급에 따른 콘크리트 최소 압축강도

	검토위치	노출등급	노출등급별 최소압축강도(MPa)	최소압축강도 (MPa)
①	코핑상면	EC4/ES1/EF4	30/30/30	30
②	코핑측면	EC4/ES1/EF4	30/30/30	30
③	코핑하면	EC4/ES1/EF4	30/30/30	30
④	기 둥	EC4/ES3/EF4	30/35/30	35
⑤	기 초	EC2/ES2	24/35	35

3) 피복두께

(1) 노출등급에 따른 최소피복두께

	검토위치	노출등급	노출등급별 최소피복두께(mm)	소요 최소피복두께 (mm)
①	코핑상면	EC4/ES1/EF4	40/45/-	45
②	코핑측면	EC4/ES1/EF4	40/45/-	45
③	코핑하면	EC4/ES1/EF4	40/45/-	45
④	기 둥	EC4/ES3/EF4	40/55/-	55
⑤	기 초	EC2/ES2	40/50/-	50

(2) 최소피복두께 및 공칭피복두께

최소피복두께는 아래식과 같이 부착을 위한 최소두께, 내구성확보를 위한 최소피복두께, 10mm중 큰 값으로 결정된다.

$$최소피폭두께(t_{c,\min}) = \max(t_b, t_{dur} - \Delta t_{st} - \Delta t_{add} + \Delta t_{dur}, 10)$$

여기서 $\Delta t_{st}, \Delta t_{add}$는 stainless강재나 추가적 부식방지 기구가 있는 경우에 적용되며 일반적으로는 0을 적용한다. Δt_{dur}는 부식성환경을 고려한 추가피복확보두께로 ED1/ES1은 5mm, ED2/ES2는 10mm, ED3/ES3의 경우는 15mm 이다. 공칭피복두께($t_{c,nom}$)는 최소피복두께($t_{c,min}$)와 설계편차($\Delta t_{c,dev}$)의 합으로 나타내어지며 설계오차는 다음과 같이 산정한다.

- 일반적인 경우 10mm
- 요철을 처리한 준비된 지반면은 20mm
- 흙 위에 타설시 50mm
- 특별한 계측장치로 관리시 0~10mm

최소피복두께 및 설계편차를 고려한 공칭피복두께는 아래 표와 같다.

	검토위치	노출등급	최소피복두께	설계편차	공칭피복두께
①	코핑상면	EC4/ES1	min(25,45+5,10)+5=50	10	60
②	코핑측면	EC4/ES1	min(25,45+5,10)+5=50	10	60
③	코핑하면	EC4/ES1	min(25,45+5,10)+5=50	10	60
④	기 둥	EC4/ES3	min(32,55+15,10)+5=70	10	80
⑤	기 초	EC2/ES2	min(29,50+10,10)+5=60	20	80

※ 이외에 다음 조건에 해당할 경우 최소피복두께를 각각 5mm 감소시킬 수 있도록 규정하고 있다.

- 콘크리트 최소소요강도보다 큰 강도를 사용한 경우(EC:5MPa 이상, ED,ES 10MPa 이상)
- 시공과정에서 철근 위치의 변동이 없는 슬래브 형상의 부재
- 콘크리트를 제조할 때 특별한 품질관리방안이 확보되었다고 승인받은 경우

위의 첫번째 조항은 적용조건이 명확하나, 두번째 조항의 경우 반드시 슬래브 형상의 부재에만 적용할 지 아니면 철근 위치의 변동이 없다고 판단되는 다른 부재

들에도 확대 적용 할 수 있을 지에 대해서는 발주처 또 설계자들 간에 이견이 있는 듯하다. 필자가 참여한 과업에서는 프리캐스트 제작되는 거더 부재 정도에 추가적으로 적용하였다. 또 세번째 조항의 콘크리트의 특별한 품질관리방안에 대해서도 일상적으로 시행되는 레미콘 시험성적을 적용할 수 있을지도 고민이 필요하다. 현실성을 고려해서 반영해 주는 기관들도 있으나, 반영하지 않더라도 기존에 사용해오던 피복두께에서 다소 증가는 하지만 설계 및 시공에 있어서 큰 문제는 없을 것으로 판단된다.

3.8 철근상세

3.8.1 온도철근

> 한계상태설계법에서 콘크리트 부재의 건조수축 및 온도철근 규정에 대해 설명하시오.

1) 건조수축 및 온도철근 규정

① 두께 1200mm이하인 부재

$$A_s \geq 0.75\,A_g/f_y$$

여기서
 A_g: 부재의 총단면적(mm^2)
 f_y: 철근의 항복강도(MPa)

철근은 단면의 양면에 균등 배치하여야 한다. 그러나 두께가 150mm 이하인 부재는 1열로 배치해도 좋다. 건조수축 및 온도변화에 대한 철근의 간격은 부재 두께의 3배 또는 450mm를 초과하지 않아야 한다.
구조물 벽체와 기초에는 부재의 양면에 양방향으로 철근배근 간격이 300mm 이하로 철근을 배치하되, 다음 값을 초과하는 경우 건조수축 및 온도 철근량을 사용할 필요는 없다.

$$\Sigma A_b \geq 0.0015 A_g$$

② 두께 1200mm를 초과하는 부재

D19 이상의 철근을 450mm 이하의 간격으로 양면에 양방향으로 배치하며 다음 식을 만족해야 한다.

$$\Sigma A_b \geq \frac{s(2d_c + d_b)}{100}$$

여기서

A_b: 최소철근 단면적(mm^2)

s: 철근간격(mm)

d_c: 부재표면에서 가장 근접한 철근 또는 철선의 중심까지의 콘크리트 피복두께

d_b: 철근 또는 철선의 지름

$(2d_c + d_b)$의 값은 75mm를 초과해서는 안 된다.

2) 검토의견

부재두께가 1200mm가 넘을 경우 D19이상을 배치하는 조항은 AASHTO 2004 이후로는 삭제된 조항으로, 균열제어를 위해서는 작은 철근을 촘촘히 배치해야한다는 기존의 개념과는 배치된다. 또한 양방향 균등 배근되도록 되어 있으나, 벽체의 경우 수직방향으로 구속이 풀려있는 토목구조물에서 수직방향으로 동일 철근량을 배근하는 것은 과다한 배근이 된다고 판단된다.

3.8.2 표피철근

> 표피철근에 대해 설명하시오. (105회 1-10)

1) 표피철근(skin reinforcement)은 균열을 제어하고 피복의 박리를 방지하기 위해서 배치한다.

2) 피복박리에 저항하기 위한 표피철근은 다음과 같은 경우에 배치되어야 한다.

   ① 주철근 지름이 32mm보다 큰 경우

   ② 등가 지름이 32mm보다 큰 다발철근이 주철근으로 사용된 경우(그림 3-7 참조)표피철근은 철망 혹은 작은 지름의 철근망으로 구성하여야 하며 그림 3-7과 같이 횡방향 철근의 바깥쪽에 배치하여야 한다.

3) 보에서 표피철근량 $A_{s,surf}$는 인장 철근과 평행한 방향과 수직한 방향의 양 방향에 대해서 $0.01A_{ct,ext}$ 이상이어야 한다. 여기서 $A_{ct,ext}$는 횡방향철근 외측의 인장콘크리트 면적이다(그림 3-7 참조).

4) 피복두께가 70mm를 초과하는 경우 내구성을 증진시키기 위한 표피철근이 사용되어야 하며, 이 때 표피철근량은 각 방향으로 $0.005A_{ct,ext}$ 이상이어야 한다.

5) 표피철근의 피복두께는 최소피복두께 이상이어야 한다.

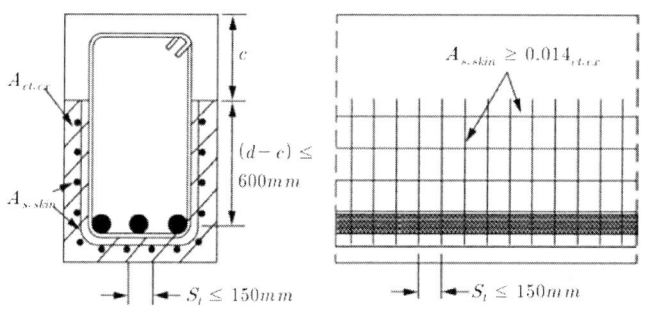

그림 3-7 │ 표피철근의 예(C는 극한한계상태에서 중립축 깊이) (도·한 그림 5.12.6)

6) 철근의 정착과 상세 규정을 만족한다면, 종방향 표피철근을 종방향 휨철근에 포함하여 휨강도를 해석할 수 있으며 횡방향 표피철근은 전단철근에 포함하여 전단강도를 해석할 수 있다.

3.8.3 철근의 정착과 이음

한계상태설계법에서 정착과 이음길이에 대해 설명하시오.

(109회 1-1, 110회 1-10)

1) 부착강도

이형철근의 부착강도에 대한 설계값은 다음과 같이 취한다.

$$f_{bd} = \phi_c 2.25 \eta_1 \eta_2 f_{ctk}$$

여기서, f_{ctk} = 콘크리트 기준인장강도 (고강도 콘크리트의 경우 평균부착강도가
f_{ck} = 50MPa일 때의 값 이상으로 커진다는 것이 입증되지 않으면
f_{ck} = 50MPa일 때의 값으로 제한되어야 한다.)

η_1 = 부착조건과 콘크리트 타설 시의 철근의 위치에 관계되는 계수
(그림 3-8 참조)
- 양호한 조건의 경우 η_1 = 1.0
- 그 외의 경우와 부착조건이 아닌 슬립폼으로 만들어진 구조 부재 내의 철근의 경우 η_1 = 1.0

η_2 = 철근의 지름에 관계되는 계수
- $d_b \leq 32mm$인 경우 η_2 = 1.0
- $d_b > 32mm$인 경우 $\eta_2 = (132 - d_b)/100$

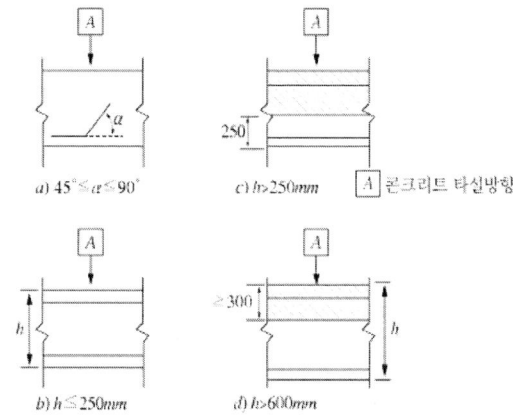

a)와 b) 모든 철근이 양호한 부착조건
c)와 d) 빗금치지 않은 영역-양호한 부착조건 빗금 친 영역-불량 부착조건

그림 3-8 | 부착조건 (도·한 그림 5.11.2)

2) 철근의 정착길이

설계정착길이(l_{bd})는 기본정착길이(l_b)에 수정계수를 곱하여 구해야 하며, 이때 $l_{bd} \geq l_{bd,\min}$ 이라야 한다.

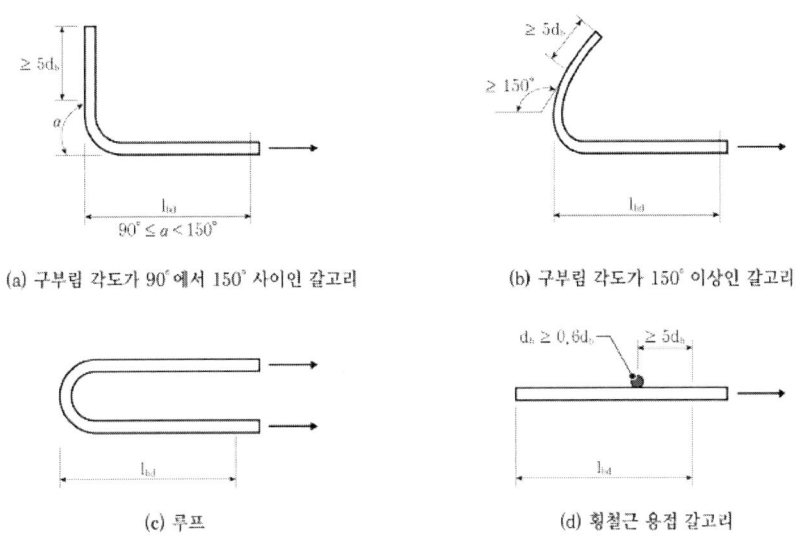

그림 3-9 | 표준 갈고리 (도·한 그림 5.11.1)

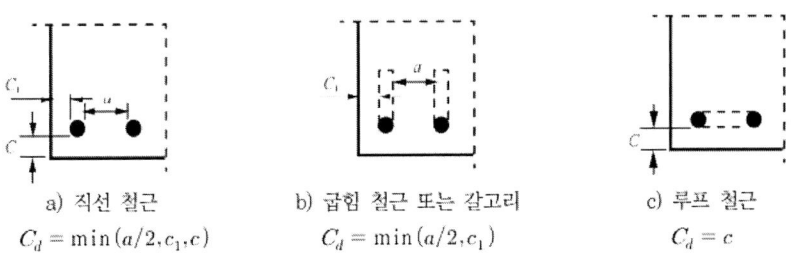

그림 3-10 | 보와 슬래브에서 C_d의 크기 (도·한 그림 5.11.3)

표 3-4 | 계수 $\alpha_1 \sim \alpha_6$ (도·한 그림 5.11.4)

구 분		내 용	
기 본 정 착 길 이		$l_b = (d_b/4)(\sigma_{sd}/f_{bd})$ 여기서, d_b=철근의 공칭지름 f_{bd}=철근의 부착강도	
설 계 정 착 길 이		$l_{bd} = \alpha_1\alpha_2\alpha_3\alpha_4\alpha_5\alpha_6 l_b \geq l_{b,min}$	
영 향 인 자	정착부 형태	철 근	
		인장철근	압축철근
직선	직선	α_1=1.0	α_1=1.0
직선외 형태	직선외 형태 도·한 그림 5.11.1(a),(b),(c)	C_d>$3d_p$이면 α_1=0.7 아니면 α_1=1.0 (C_d에 대한 크기는 도·한 그림 5.11.3 참조)	α_1=1.0
콘크리트 피복	직선	α_1=1−0.15(C_d−d_b)/d_p ≥0.7 ≤1.07	α_1=1.0
	직선외 형태 도·한 그림 5.11.1(a),(b),(c)	α_1=1−0.15(C_d−$3d_b$)/d_p ≥0.7 ≤1.07	α_1=1.0
계 수			
주철근에 용접되어 있지 않은 횡철근에 의한 구속	모든 형태	α_1=1−Kλ ≥0.7 ≤1.0	α_1=1.0
용접된 횡철근에 의한 구속*	모든 형태 도·한 그림 5.11.1(d)	α_4=0.7	α_1=0.7
횡방향 압력에 의한 구속	모든 형태	α_5=1−0.04p ≥0.7 ≤1.0	
표준 갈고리	도·한 그림 5.11.5, 5.11.6을 만족하는 경우	α_6=≥0.7/α_1	
	도·한 그림 5.11.5, 5.11.7을 만족하는 경우	α_6=≥0.5/α_1	
	도·한 그림 5.11.5, 5.11.6, 5.11.7을 모두 만족하는 경우	α_6=≥0.4/α_1	
	그 외의 형태	α_6=1.0	

여기서:
$$\lambda = (\sum A_{st} - \sum A_{st,min})/A_s$$

$\sum A_{st}$: 설계정착길이 l_{bd} 내의 횡철근의 단면적
$\sum A_{st,min}$: 최소 횡철근의 단면적(=$0.25A_s$(보), 0(슬래브))
A_s : 최대지름을 가진 정착철근 한 개의 단면적
K : 도·한 그림 5.11.4에 나타난 크기
p : l_{bd} 내의 극한상태에서의 횡방향 압력(MPa)

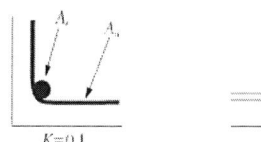 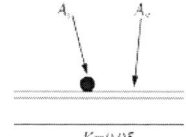 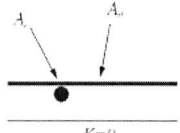

그림 3-11 ǀ 보 또는 슬래브의 K값 (도·한 그림 5.11.4)

3) 철근의 이음 【 도로교 설계기준 5.11.5참조 】

철근의 이음 및 이음부를 엇갈리게 배치하는 것에 대한 허용 위치, 형태 및 치수는 설계도에 명시되어야 한다.

가) 겹침이음

- 설계겹침이음 길이

$$l_0 = \alpha_1 \alpha_2 \alpha_3 \alpha_5 \alpha_6 l_b A_{s,req}/A_{s,prov} \geq l_{0,\min}$$

여기서, $l_{0,\min} > \max(0.3\alpha_6 l_b\,;\,15d_b\,;\,200\,\mathrm{mm})$

$A_{s,req}$: 필요철근량, $A_{s,prov}$: 사용철근량

$\alpha_1 \alpha_2 \alpha_3 \alpha_5$: 각종 계수(설계정착길이 참조)

α_3 의 계산에 있어서 $\sum A_{st,\min}$ 은 1.0As(겹침이음철근 1개의 면적)로 하여야 한다.

α_6 는 표 3.5 참조(중간 값들은 보간법으로 결정할 수 있다)

표 3.5 ǀ 계수 α_6 값 (도·한 표 5.11.5)

총 단면적에 대한 겹침이음 철근의 비율	< 25%	33%	50%	> 50%
α_6	1	1.15	1.4	1.5

나) 압축철근 겹침이음

- 압축부 구조용 철근 / 압축부 비구조용 철근 구분
- 압축부 겹침 비율 관련 계수 : 겹침 비율에 관계없이 $\alpha_6 = 1.0$
- 압축부 겹침이음은 인장철근 겹침이음보다 길지 않도록 규정
- 압축부 비구조용 겹침이음 : 최소 인장철근 겹침이음

다) 인접 겹침 이음

- 겹침이음된 두 철근 사이의 횡방향 순거리는 $4d_b$ 또는 50 mm 이하
- 인접한 두 겹침이음의 축방향 거리는 겹침이음 길이(l_o)의 0.3배 이상
- 인접한 겹침이음의 경우, 철근사이의 순거리는 $2d_b$ 또는 20 mm 이상

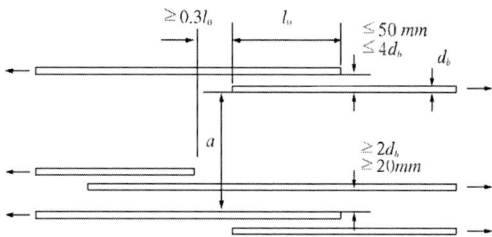

그림 5.12 | 인접 겹침이음 (도·한 그림 5.11.10)

전단균열 전이효과에 따른 주철근의 절단 위치 결정방법을 설명하시오.

1) 모든 단면에는 전단력에 의하여 복부와 플랜지에 발생하는 경사균열효과를 포함한 인장력 포락곡선에 저항하도록 충분한 철근을 배치하여야 한다.

2) 전단철근이 배치된 부재에 대해서는 경사균열에 의해 추가되는 인장력 (ΔT)를 다음에 따라 계산하여야 한다.

$$\Delta T = 0.5 V_u (\cot\theta - \cot\alpha)$$

여기서, α = 전단철근과 주인장 현재 사이의 경사각
θ = 콘크리트 압축 스트럿과 주인장 철근 사이의 경사각

전단철근이 배치되지 않은 부재에 대해서는 모멘트 포락곡선에 비례하는 철근의 인장력 분포를 그림 3-13의 철근의 저항 인장강도곡선과 같이 부재 길이에 따라 $a_l = d$만큼 이동시키는 방법으로 반영할 수 있다. 이 규정은 전단 철근이 배치된 부재에 대해서도 적용할 수 있다. 경사균열에 의한 추가 인장력은 그림 3-13에 나타나 있다.

$$a_l = \frac{z(\cot\theta - \cot\alpha)}{2}$$

3) 철근의 인장력은 정착길이 내에서 그림 3-13과 같이 선형으로 변화하는 것으로 가정할 수 있다. 충분히 안전측으로 설계하기 위한 목적으로 정착길이 내 철근의 선형분포 인장력을 무시할 수도 있다.

4) 전단강도에 기여하는 굽힘철근의 정착길이는, 인장 영역에서 $1.3l_b$, 압축영역에서는 $0.7l_b$ 이상이어야 한다. 이때의 정착길이는 굽힘철근의 축과 종방향 철근의 교차점을 기준으로 한다.

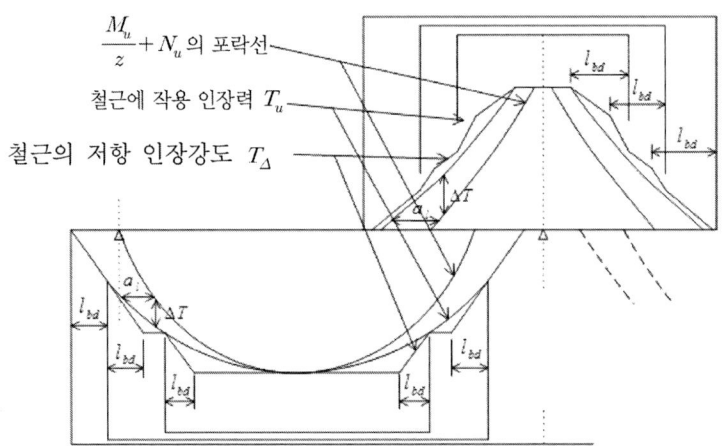

그림 3-13 | 전단균열 전이효과에 따른 주철근의 절단 위치 (도·한 그림 5.12.1)

3.9 PSC 구조의 설계

3.9.1 PSC 거더의 설계

> 한계상태설계법을 적용하여 PSC 거더교를 설계할 때 설계절차와 검토할 항목에 대하여 설명하시오. (109회 4-3)

1) 환경조건에 따른 노출등급결정

- 부식 및 콘크리트 손상도 고려 → 노출등급결정
- 노출등급 → 최소콘크리트강도, 최소피복두께 결정

2) 사용재료 및 설계강도 결정

3) 단면계수산정

- 플랜지 유효폭을 고려한 슬래브 환산난변
- 전단강도 검토를 위한 전단검토 위치의 단면1차모멘트를 추가로 산정 필요

4) 하중산정

5) 하중계수 및 하중조합

6) 사용한계상태 검토

(1) 응력한계 및 응력검토
  ① 응력한계
   - 콘크리트 압축응력

유효PS + 사용한계상태 하중조합V : $0.45f_{ck}$

유효PS + 사용한계상태 하중조합I : $0.60f_{ck}$

부재 제작 및 운반상황 : $0.60f_{ck}$

- 콘크리트 인장응력

  사용한계상태 하중조합III(B등급일 경우) : 0.0 MPa (영응력)

  사용한계상태 하중조합V(C등급일 경우) : 0.0 MPa (영응력)

  사용한계상태 하중조합I : $f_{ctd} = \phi_c \alpha_{ct} f_{ctk}$

- 철근 인장응력

  사용한계상태 하중조합I : $0.80\,f_y$

- PS강재 응력(강연선 및 강봉)

  유효PS + 사용한계상태 하중조합V : $0.65f_{pu}$

  최대 긴장력($f_{o,\max}$) : $\min(0.80f_{pu}, 0.90f_{py})$

  PS도입 직후(f_{pmo}) : $\min(0.75f_{pu}, 0.85f_{py})$

② 응력검토
- 시공단계/완공후 하중조합별 콘크리트, 철근 및 PS 강재의 응력한계 만족 여부 검토

(2) 균열 검토
- 사용한계상태 하중조합I에서 콘크리트 최대 인장응력 콘크리트 인장강도 (비균열 단면)

(3) 처짐 검토
- 고정하중에 의한 처짐 및 솟음량 : 지간의 1/250
- 활하중(충격포함)에 의한 처짐 : 지간의 1/800

7) 극한한계상태 검토

(1) 휨설계 (중앙부) : 단면 휨저항 강도 산정

 ① 단면형상 및 재료상수 결정

 ② 중립축 결정 (Fs = Fc) → 단면형상 판단

 ③ 응력-변형률 관계를 이용한 강재발생 변형률 산정

   • 단면 휨에 의한 강재발생 변형률 산정

   • PS도입에 의한 Prestrain을 포함한 강재변형률 산정

 ④ 변형률에 상응하는 강재발생응력 산정

$$f_s(\varepsilon_{pre}) \, , f_s(\varepsilon_s + \varepsilon_{pre})$$

 ⑤ 강재발생력 Fs 산정 및 단면 휨저항강도 산정

 ⑥ 취성파괴 방지 검토 : i) ii) 중 하나 선택 및 충족

  i) 사용한계상태 하중조합Ⅲ에 의해 관찰이 가능한 휨균열이 발생할 수 있도록, 긴장재를 가상으로 감소시켜 남아있는 긴장재가 사용한계상태 하중조합Ⅲ에 의해 발생하는 휨모멘트를 저항할 수 있도록 하는 방법

  ii) 최소철근량을 배치하는 방법

$$A_{s,\min} = \frac{M_{cr}}{z_s f_y}$$

   여기서, M_{cr} = 프리스트레스 영향을 무시한 거더의 균열휨모멘트

   z_s = 철근만에 의한 단면 내부팔길이

  ※ 감소된 긴장재에 의한 휨저항 강도 산정시 극단상황한계상태의 재료계수 (ϕ_s=1.0)를 적용

(2) 휨설계(연속지점부)

 ① 연속지점부 부모멘트 발생구간 검토

 ② 휨모멘트 재분배율 산정

 ③ 휨모멘트 재분배 적용, 연속지점부 부모멘트에 대해 슬래브 종방향 철근을 고려한 RC 부재로 설계(단면 휨저항 강도 산정)

(3) 전단 설계(전단보강철근이 없는 부재로 설계)
- 휨균열이 발생하지 않는 구간의 전단강도 산정

※ 합성단계별 하중과 단면계수를 적용(전단보강철근이 배치된 부재로 설계)

※ 전단철근이 배치된 부재의 전단강도 산정시 전단철근이 항복한다는 가정 하에 표준트러스모델을 이용하여 압축스터럿각을 변화시켜가면서 콘크리트 스트럿의 압축파괴 기준에 근접시켜 전단강도를 산정

※ 콘크리트의 전단강도 기여를 무시한 철근의 전단강도 기여만을 고려

(4) 정착부 설계
① 지압부 설계
② 정착부 파열력 및 할렬력 검토

양쪽으로 3m의 캔틸레버를 가지는 경간 12m의 포스트텐션 거더를 설계하려고 한다. 예비설계를 통해 단면과 긴장재의 편심을 그림에 나타내었으며, 인장강도 1860MPa, 직경 13mm, 공칭단면적 99mm^2의 저 릴랙세이션 강연선(low relaxation strand)을 사용하는 것으로 결정하였다. 거더의 자중 외에 프리캐스트 슬래브의 자중 7.5kN/m 및 추가 고정하중 2.4kN/m, 사용하중 상태에서의 활하중 10kN/m이 작용한다. 긴장력을 가하는 당시 14일 재령의 콘크리트 강도는 35MPa이며, 설계기준압축강도는 50MPa이라 할 때 다음과 같은 사항을 계산하시오.

(a) 그림의 중앙경간(C) 및 지점(B)부의 극한강도 요구조건을 만족하는 강연선의 개수를 결정하시오.

(104회 2-4 전환문제)

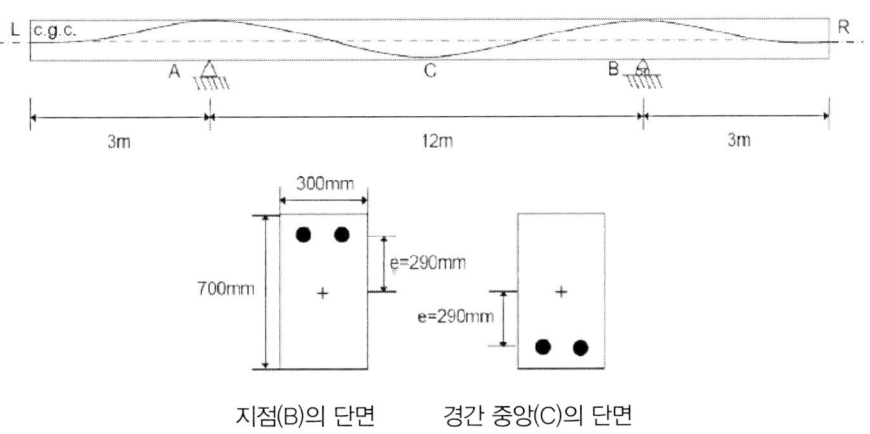

지점(B)의 단면   경간 중앙(C)의 단면

1) 부재력 계산

$A_p = 99mm^2$, $A_c = 300(700) = 210,000mm^2$, $w_{slab} = 7.5kN/m$, w_{2nd}

$= 10kN/m$

$w_d = \gamma_c A_c = 25(0.21) = 5.25kN/m$

$\sum F_y = 0$; ,

$R_A + R_B = wL = 18w$, 대칭구조이므로 $R_A = R_B = R$

$$2R = 18w \Rightarrow R = R_A = R_B = 9w$$
$$M_B = -w3^2/2 = -4.5w, \quad M_C = -w9^2/2 + w(9)(6) = 13.5w$$

- 각 하중별 부재력

① M_B
$$M_{DC1} = -4.5(5.25) = -23.625 kN.m$$
$$M_{DC2} = -4.5(7.5) = -33.75 kN.m$$
$$M_{DW} = -4.5(2.4) = -10.8 kN.m$$
$$M_L = -4.5(10) = -45 kN.m$$

② M_C
$$M_{DC1} = 13.5(5.25) = 70.88 kN.m$$
$$M_{DC2} = 13.5(7.5) = 101.25 kN.m$$
$$M_{DW} = 13.5(2.4) = 32.4 kN.m$$
$$M_L = 13.5(10) = 135 kN.m$$

2) 하중조합

① 극한한계상태 하중조합 I
$$M_B = 1.25(M_{DC1} + M_{DC2}) + 1.5 M_{DW} + 1.8 M_L$$
$$= 1.25(-23.625 - 33.175) + 1.5(-10.8) + 1.8(-45) = -168.92 kN.m$$
$$M_C = 1.25(M_{DC1} + M_{DC2}) + 1.5 M_{DW} + 1.8 M_L$$
$$= 1.25(70.88 + 101.25) + 1.5(32.4) + 1.8(135) = 506.76 kN.m$$

② 사용한계상태 하중조합Ⅲ(B등급적용) ; 0(영)응력 검토
$$M_B = 1.0(M_{DC1} + M_{DC2}) + 1.0 M_{DW} + 0.8 M_L$$
$$= 1.0(-23.625 - 33.175) + 1.0(-10.8) + 0.8(-45) = -103.6 kN.m$$

$$M_C = 1.0(M_{DC1} + M_{DC2}) + 1.0M_{DW} + 0.8M_L$$
$$= 1.0(70.88 + 101.25) + 1.0(32.4) + 0.8(135) = 312.5 kN.m$$

③ 사용한계상태 하중조합 I ; 균열 및 압축응력한계($0.6f_{ck}$) 검토

$$M_B = 1.0(M_{DC1} + M_{DC2}) + 1.0M_{DW} + 1.8M_L$$
$$= 1.0(-23.625 - 33.175) + 1.0(-10.8) + 1.0(-45) = -112.6 kN.m$$
$$M_C = 1.0(M_{DC1} + M_{DC2}) + 1.0M_{DW} + 1.0M_L$$
$$= 1.0(70.88 + 101.25) + 1.0(32.4) + 1.0(135) = 339.5 kN.m$$

④ 사용한계상태 하중조합 V ; 압축응력한계($0.45f_{ck}$) 검토

$$M_B = 1.0(M_{DC1} + M_{DC2}) + 1.0M_{DW}$$
$$= 1.0(-23.625 - 33.175) + 1.0(-10.8) = -67.6 kN.m$$
$$M_C = 1.0(M_{DC1} + M_{DC2}) + 1.0M_{DW}$$
$$= 1.0(70.88 + 101.25) + 1.0(32.4) = 204.5 kN.m$$

3) 극한한계상태검토

① 지점부

$$M_u = -168.92 kN.m$$
$$f_{cd} = \phi_c \alpha f_{ck} = 0.65(0.85)(50) = 27.625 MPa$$
$$\epsilon_{co} = 0.002 + \frac{f_{ck} - 40}{100,000} = 0.0021$$
$$\epsilon_{cu} = 0.0033 - \frac{f_{ck} - 40}{100,000} = 0.0029$$
$$n = 1.2 + 1.5\left(\frac{f_{ck} - 40}{60}\right) = 1.92$$
$$\alpha = 1 - \frac{1}{n+1}\left(\frac{\epsilon_{co}}{\epsilon_{cu}}\right) = 1 - \frac{1}{1.92+1}\left(\frac{0.0021}{0.0029}\right) = 0.752$$

$$\beta = 1 - \frac{0.5 - \frac{1}{(n+1)(n+2)}\left(\frac{\epsilon_{co}}{\epsilon_{cu}}\right)^2}{\alpha}$$

$$= 1 - \frac{0.5 - \frac{1}{(1.92+1)(1.92+2)}\left(\frac{0.0021}{0.0029}\right)^2}{0.752} = 0.394$$

$C = T$

$f_{cd}\alpha cb = \phi_s A_p f_{yp}(d - \beta c)$

$c = \dfrac{\phi_s A_p f_{py}}{f_{cd}\alpha b} = \dfrac{0.9(1600)A_p}{27.625(0.752)(300)} = 0.231 A_p$

$M_u \leq M_r = \phi_s A_p f_{yp}(d - \beta c)$

$168.92 \times 10^6 \leq 0.9(1600)A_p\{640 - 0.394(0.23 A_p)\}$

$A_p \geq 188.3 mm^2 \quad \Rightarrow A_{use} = 2(99) = 198 mm^2 (2EA)$

② 중앙부

$M_u = -506.76 kN.m$

$M_u \leq M_r = \phi_s A_p f_{yp}(d - \beta c)$

$506.76 \times 10^6 \leq 0.9(1600)A_p\{640 - 0.394(0.23 A_p)\}$

$A_p \geq 601.28 mm^2 \quad \Rightarrow A_{use} = 7(99) = 693 mm^2 (7EA)$

∴ 중앙부를 기준으로 7EA 사용

(b) 초기 긴장력을 주는 시점에서 $0.4A_p f_{pu}$의 긴장력 및 보의 자중만이 작용한다고 할 때, 중앙경간(C) 및 지점(B)의 응력상태를 검토하시오. 또한 필요한 경우 프리스트레스량을 조정하며, 마찰에 의한 긴장력 손실을 무시하는 것으로 가정하시오.

$P_j = 0.4 A_p f_{pu} = 0.4(693)(1860) = 515.59 kN$

$A = 300(700) = 210,000 mm^2$, $I = 300(700)^3/12 = 8.575 \times 10^9$

인장응력한계

$f_{ctd} = \phi_c \alpha_{ct} f_{ctk}(t) = 1.0(1.0)(0.21 f_{cm}^{2/3}) = (0.21)(35)^{2/3} = 2.24 MPa$

압축응력한계 $f_c = 0.6 f_{ck}(t) = 0.6(35) = 21.0 MPa$

① 중앙경간 응력검토

$f_t = \dfrac{P}{A} + \dfrac{M_d}{I} y_t - \dfrac{P_e e}{I} y_t = \dfrac{515.59 \times 10^3}{210,000} + \dfrac{70.88 \times 10^3}{8.575 \times 10^9}(350)$

$\quad - \dfrac{515.59 \times 10^3 (290)}{8.575 \times 10^9}(350)$

$= 2.46 + 2.89 - 6.10 = -0.75 MPa(인장) < f_{ctd}$ ∴ $O.K$

$f_b = \dfrac{P}{A} - \dfrac{M_d}{I} y_b + \dfrac{P_e e}{I} y_b = 2.46 - 2.89 + 6.1 = 5.67 MPa(압축)$

$\quad < f_c$ ∴ $O.K$

② 지점부

$f_t = \dfrac{P}{A} + \dfrac{M_d}{I} y_t - \dfrac{P_e e}{I} y_t = 2.46 - \dfrac{23.625 \times 10^6}{8.575 \times 10^9}(350)$

$\quad + \dfrac{515.59 \times 10^3 (290)}{8.575 \times 10^9}(350)$

$= 2.46 - 0.96 + 6.1 = 7.6 MPa(압축) < f_c$ ∴ $O.K$

$$f_b = \frac{P}{A} + \frac{M_d}{I}y_b - \frac{P_e e}{I}y_b = 2.46 + 0.96 - 6.1 = -2.54 MPa(인장)$$
$$> f_{ctd} \therefore N.G$$

지점부 하부에 인장응력이 초과하므로 긴장력을 감소시켜야 한다.
감소시킨 긴장력으로 사용한계상태 검토필요

3.9.2 정착구 설계

일반적인 PSC박스거더교의 돌출정착구에 대하여 현행 도로교설계기준의 근사해석법을 이용하여 필요철근량을 구하시오.
(86회 3-2전환문제)

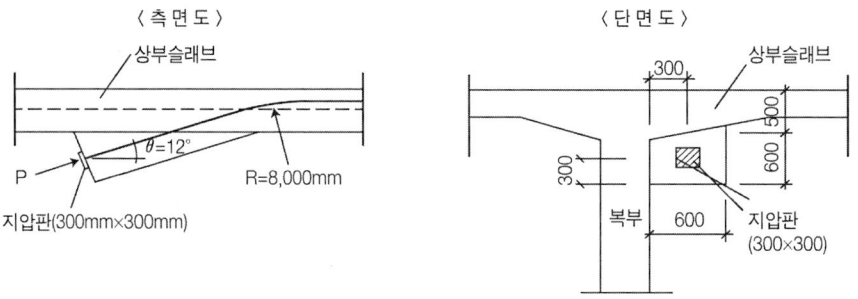

• PC강연선 제원

극한강도 (f_{pu}) = 1,860 MPa, 항복강도 (f_{py}) = 1,600 MPa

횡단면적 (A_p) = 2,635 mm^2

1) 긴장력(P_j)

$f_j = \min(0.9f_y, 0.8f_{pu}) = \min(1440, 1488) = 1440 MPa$

$P_j = A_p f_j = 2635(1440)/1000 = 3794.4 kN$

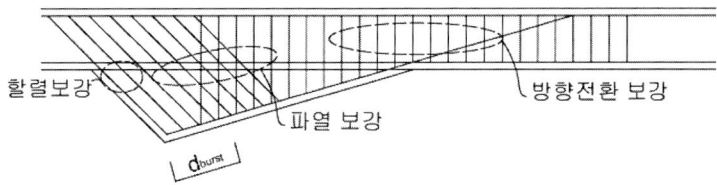

2) 지압응력검토

$$P_u = \gamma_p P_j = 1.2(3,794.4) = 4,553.28 kN$$

γ_p는 프리스트레스를 외력으로 간주하여 구조의 안정을 검토할 때는 1.3, 국부효과에 대한 검토에 있어서는 1.2로 한다.(도·한·해 5.12.12.1)

$$f_b = \frac{P_u}{c.c} = \frac{4553.28 \times 10^3}{600(600)} = 12.65 MPa$$

$$f_c = 0.6 f_{ck} = 0.6(40) = 24 MPa > f_b \quad \therefore O.K$$

3) 할렬력에 대한 보강 철근

$$P_{sp} = 0.02 P_u = 0.02(4553.28) = 91.07 kN$$

$$A_{req,sp} = \frac{P_{sp}}{\phi_s f_y} = \frac{91.07 \times 10^3}{0.9(400)} = 252.97 mm^2$$

4) 파열력에 대한 보강 철근

$$\begin{aligned} P_{busrt} &= 0.25 P_u (1 - a/h) + 0.5 P_u \sin\theta \\ &= 0.25(4553.28)(1 - 300/1100) + 0.5(4553.28)\sin 12° \\ &= 796.82 + 473.34 \\ &= 1279.16 kN \end{aligned}$$

$$A_{req,burst} = \frac{P_{burst}}{\phi_s f_y} = \frac{1270.16 \times 10^3}{0.9(400)} = 3528 mm^2$$

$$d_{burst} = 0.5(h-2e) + 5e\sin\theta = 0.5(1100 - 2(550)) + 5(550)\sin 12°$$
$$= 571 mm$$

5) 방향전환력

$$P_{dev} = P_u \sin\theta = 4553.28\,(\sin 12°) = 946.68 kN$$

$$A_{req,dev} = \frac{946.68 \times 10^3}{0.9(400)} = 2629.67 mm^2$$

기 초

04

직접기초 · **4.1**

말뚝기초 · **4.2**

4.1 직접기초

□ 도로교설계기준 한계상태설계법에 의한 직접기초의 안정성 검토항목을 설명하고 기존설계방법과의 차이점 및 설계적용방안에 대해 논하시오.

1) 침하 검토

구 분	사용 한계상태	극한 한계상태	극단상황 한계상태	특이사항
침하 검토	○	–	–	허용침하량에 대한 기준 미제시

2) 지지력 검토

구 분	사용 한계상태	극한 한계상태	극단상황 한계상태	특이사항
지지력 검토	△	○	○	–
극한지지력 산정	추정값 또는 반경험적방법	$q_r = \phi_b q_{ult}$		q_r : 감소된 지지력, ϕ_b : 저항계수, q_{ult} : 공칭지지력
ϕ_b	1.0	0.45~0.55	1.0	표 7.5.1 참조

※ 극한한계상태의 ϕ_b, ϕ_r, ϕ_{ep} 산정

표 4.1 | 얕은기초의 극한한계상태에 대한 저항계수 (도·한 표 7.5.1)

		방법 / 흙 / 조건	저항계수
지지력	ϕ_b	이론적방법(Munfakh et al., 2001), 점성토	0.50
		이론적방법(Munfakh et al., 2001), 사질토, CPT 사용	0.50
		이론적방법(Munfakh et al., 2001), 사질토, SPT 사용	0.45
		반경험적방법(Meyerhof, 1957), 모든 지반	0.45
		암반위에 설치된 기초	**0.45**
		평판재하시험	0.55
활 동	ϕ_τ	사질토 위에 설치된 프리캐스트 콘크리트	0.90
		사질토 위에 설치된 현장타설 콘크리트	**0.80**
		점성토 위에 설치된 프리캐스트 콘크리트 또는 현장타설 콘크리트	0.85
		흙 위에 흙이 존재하는 경우	0.90
	ϕ_{ep}	활동에 저항하는 수동토압	0.50

3) 활동 검토

구 분	사용한계상태	극한한계상태	극단상황한계상태	특이사항
지지력 검토	–	O	O	수동저항력 미고려 수동토압 고려여부 결정필요
허용지지력 산정	$Q_R = \phi Q_n = \phi_r Q_r + \phi_{ep} Q_{ep}$			ϕ_r : 표7.5.1에 제시된 전단저항 저항계수, Q_r : 흙과 기초사의 공칭 전단저항력, ϕ_{ep} : 표7.5.1에 제시된 수동저항 저항계수, Q_{ep} : 공칭수동저항력(고려여부 선택가능)
ϕ_r / ϕ_{ep}	–	0.80~0.90 / 0.5	1.0 / 1.0	표 7.5.1 참조
Q_r, Q_{eq}	지반조건별 산정			지지층이 암반일 경우 활동 미고려

4) 전도 검토

구 분		사용한계상태	극한한계상태	극단상황한계상태	특이사항
지지력 검토		–	O	O	
허용 편심량	토사 지지층	–	$\frac{1}{4}B$	$\frac{4}{10}B$	B: 기초 크기
	암반 지지층	–	$\frac{3}{8}B$		

※ 설계기준별 얕은기초 전도 검토기준 비교(기초폭(B) 중심에서 편심거리 제한)

구 분	도로교설계기준 (2010)		도로교설계기준 한계상태설계법(2015)		AASHTO LRFD (2012)	
지지층	지반면	암반	지반면	암반	soils	rock
사용한계상태	–		–		–	
극한한계상태	$\frac{1}{6}B$	$\frac{1}{6}B$	$\frac{1}{4}B$	$\frac{3}{8}B$	$\frac{1}{3}B$	0.45 B
극단상황한계상태	1/3 B		0.40 B (지진시)		0.40 B (지진시)	

5) 검토의견

(1) 허용응력 설계법에서는 극한지지력 산정 후 상시는 안전률 3을 지진시는 2를 적용하여 허용지지력을 산정하고, 사용하중에 의한 반력으로 기초의 안정성을 검토하였으나, 한계상태설계법에서는 극한한계상태의 경우 0.45의 저항계수를 적용하여 저항지지력을 산정하고 극한한계상태하중으로 안정성을 검토함으로써, 저항지지력은 35%정도 증가하고 하중의 경우는 조건에 따라 변수 가 있지만 40%이상 증가되어 다소 안전측 설계가 된다.

(2) 허용응력 설계법에서는 활동에 대한 안전율은 상시 1.5, 지진시 1.2로 사용하중에 대해 검토하였다. 한계상태설계법에서는 극한한계상태의 경우 저항계수가 0.8로 저항력은 20% 정도 증가하였으나. 하중의 경우 40%증가로 역시 다소 안전측 설계가 된다.

(3) 전도에 대한 안정성 검토는 극한한계상태에 대해 암반에 지지된 경우와 토사에 지지된 경우를 구분하며, 풍화암층에 놓일 경우 토사조건으로 검토되어 허용편심거리가 0.25가 되며, 이는 기존의 허용편심거리 1/3B에 비해 1.5배 정도 여유가 있는 것으로 극한한계상태조합하중으로 검토하더라고 비슷한 안전수준을 확보하게 된다.

(4) 허용응력설계법에서는 지지력, 활동 등에 대해 극한내력을 산정하고 일정한 안전률을 고려해 허용응력을 산정 후 사용하중에 대한 안정성을 검토하였으나, 한계상태설계법에서는 확률과 통계에 기반한 저항계수를 적용하여 극한내력을 산정하고 하중의 특성을 고려한 조합하중에 대해 안정성을 검토함으로써 합리적인 설계가 되도록 하였다. 결과적으로 보면 허용응력설계법 대비 다소 보수적인 설계가 되지만, 기능적 요구에 의해 기초형태가 정해지는 교대의 경우 큰 차이가 없으며, 교각기초의 경우 다소 규모가 커질 수 있다.

4.2 말뚝기초

☐ 도로교설계기준 한계상태설계법에 의한 말뚝기초의 안정성 검토항목을 설명하고 기존설계방법과의 차이점 및 설계적용방안에 대해 논하시오.

1) 타입말뚝 및 현장타설말뚝

구 분	지지력		변위		말뚝 본체 검토		
	연직	인발	침하	수평	축력 검토	축압축과 휨조합 검토	전단력 검토
사용한계상태	추정값 또는 반경험적방법		O	O	-	-	-
극한한계상태	O	O	-	-	O	O	O
극단상황한계상태	O	O	-	-	O	O	O

※ 허용침하량
 - 직접기초와 동일한 기준 적용
※ 허용수평변위
 - 도로교설계기준(한계상태설계법)에 따라 38mm 적용(교대에 한함)

표 4.2 | 축하중을 받는 타입말뚝의 극한한계상태에 대한 저항계수 (도·한 표 7.5.2)

조건 / 지지력결정 방법		저항계수
외말뚝의 연직압축저항력 -정역학적 해석법과 정재하시험, $\emptyset_{stat}$	주면마찰력과 선단지지: 점성토와 혼합토	
	α 방법(Tomlinson, 1987; Skempton, 1951)	0.35
	β 방법(Esrig와 Kirby, 1979; Skempton, 1951)	0.25
	λ 방법(Vijayvergiya와 Focht, 1972; Skempton, 1951)	0.40
	정역학적 저항력 공식 (한국지반공학회, 2009): 선단부 SPT N 값 50 미만	0.37
	정역학적 저항력 공식 (한국지반공학회, 2009): 선단부 SPT N 값 50 이상	0.35
	주면마찰력과 선단지지: 사질토	
	Nordlund/Thurman 방법 (Hannigan 등, 2005)	0.45
	SPT 방법 (Meyerhof)	0.30
	SPT 방법 (한국지반공학회, 2009): 선단부 SPT N 값 50 미만	0.38
	SPT 방법 (한국지반공학회, 2009): 선단부 SPT N 값 50 이상	0.29
	CPT 방법 (Schmertmann)	0.50
	암반에 선단근입된 경우-(캐나다 지반공학회, 1985)	0.45
외말뚝 또는 무리말뚝의 횡방향 저항	모든 토질과 암반	1.0
구조한계상태	강관말뚝	0.7
	콘크리트 말뚝	-
말뚝의 항타 관입성 분석, $\emptyset_{da}$	강관말뚝	1.0
	콘크리트 말뚝	-

표 4.3 | 축하중을 받는 현장타설말뚝의 극한한계상태에 대한 저항계수 (도·한 표 7.5.3)

방법/흙/조건			저항계수
외말뚝의 연직압축 저항, $\varnothing_{stat}$	점성토의 주면마찰력	α 방법(O'Neill과 Resse, 1999)	0.45
	점성토의 선단지지력	전응력(O'Neill과 Resse, 1999)	0.40
	사질토의 주면마찰력	β 방법(O'Neill과 Resse, 1999)	0.55
	사질토의 선단지지력	O'Neill과 Resse (1999)	0.50
	IGM의 주면마찰력	O'Neill과 Resse (1999)	0.60
	IGM의 선단지지력	O'Neill과 Resse (1999)	0.55
	암반의 주면마찰력	Horvath와 Kenney (1979) O'Neill과 Resse (1999) Carter와 Kulhawy (1988)	0.55 0.55 0.50
	암반의 선단지지력	캐나다 지반공학회 (1985) 프레셔미터 시험법 (캐나다 지반공학회, 1985)	0.50
	암반의 주면마찰력과 선단지지력	Carter와 Kulhawy (1988)	0.70
		AASHTO (1996)	0.51
외말뚝의 인발저항력, $\varnothing_u$	점성토	α 방법(O'Neill과 Resse, 1999)	0.35
	사질토	β 방법(O'Neill과 Resse, 1999)	0.45
	암반	Horvath와 Kenney (1979) Carter와 Kulhawy (1988)	0.40
무리말뚝의 인발저항력	사질토와 점성토		0.45
블록파괴, $\varnothing_u$	점성토		0.55
외말뚝 또는 무리 말뚝의 횡방향 저항	모든 재료		1.0
정재하시험(압축), $\varnothing_{load}$	모든 재료		표 A 참조(단, 0.70보다 크지 않아야 함)
정재하시험(인발), $\varnothing_{upload}$	모든 재료		0.60

2) 설계적용방안

(1) 항타말뚝 및 현장타설말뚝의 저항계수에 대해서는 한계상태설계법 설계기준 도입이전부터 많은 연구들이 이루어져 왔고 어느 정도 이론적 정립이 되어 있다고 볼 수 있다. 다만 허용변위에 관해서는 사용한계상태에 대해 38mm로 제시하고 있어 기존에 관용적으로 적용해온 15mm보다 큰 값이며, 교각의 경우는 AASHTO LRFD 최근 규정에서는 변위를 제한하지 않고 발생변위에 대한 상부구조의 안전성을 확인하도록 되어 있다는 것을 주목할 필요가 있다.

(2) 한계상태설계법에서는 저항계수 및 지지력산정에 대해 항타말뚝과 현장타설말뚝에 대한 것만 제시하고 있어 국내 말뚝시공의 대부분을 차지하고 있는 매입말뚝에 대해서는 장기적인 연구가 필요하다. 미국의 경우 각 주에 한계상태설계법 도입시 허용응력설계법 설계에 상응하는 안전률을 확보할 수 있도록 저항계수를 설정하는 방법도 적용되었으나 이와 같은 방법은 임시적으로 사용될 수 있을 것으로 판단되며, 연구결과가 나오기 전까지는 기존의 허용응력설계법으로 검토하는 것이 좋을 것으로 생각된다. 이 경우 변위검토기준에 대해서는 설계자마다 의견이 다르다. 설계법 일원화를 위해 기존과 같이 15mm를 적용하는 방법도 있겠고, 한계상태설계법의 기준이 제시되어 있으므로 사용한계상태로 38mm를 적용하여 검토하는 것도 합리적인 방법이라 생각된다. 수평변위에 의해 설계가 지배되는 연약지반에서는 경제성에 큰 영향을 주게 되므로 신중히 결정해야 할 것이다.

(3) 강관말뚝과 RC말뚝의 설계는 각 재료별 한계상태설계법 설계기준이 명확히 제시되어 있으므로 설계적용에 큰 논란이 없을 것으로 생각된다. 하지만 PHC 말뚝의 경우 그 동안 극한내력검토보다는 탄성거동범위 내에서 응력검토만으로 설계되어 설계방법의 변경적용에 대한 이론적 근거와 경험이 미흡하여 한계상태설계법으로 적용에 신중해야 할 것으로 판단된다.

부록

1. 도로교설계기준 한계상태설계법 발주자결정 항목

도로교설계기준 한계상태설계법에서는 발주가가 지역별 특성과 과업의 특성에 맞게 결정해야 할 발주자 결정 사항들이 있다. 구체적으로 설계기준을 항목별로 분석하여 발주자 관련 사항을 정리하면 표 부록1과 같은데, 이러한 항목들은 설계단면의 크기뿐만 아니라 공사비에도 영향이 큰 항목들이므로 신중한 검토가 필요하다. 표 부록2에는 필자가 참여하여 처음으로 한계상태설계법을 전면적으로 적용하여 수행한 민자과업과 국내 여러 기관들의 발주자 결정사항을 비교하여 나타내었다.

[표 부록 1] 도로교설계기준(한계상태설계법) 발주자 결정 항목

구 분	설계기준	비 고
제1장 총칙	**1.1 적용범위** 　이 설계기준은 교육이나 설계자의 판단을 대신하기 위한 것이 아니고 단지 공공의 안전을 위해 필요한 **최소필요조건**을 기술한 것이다. 발주자 또는 설계자는 **최소필요조건**보다 높은 수준의 설계나 재료 및 시공의 품질을 요구할 수 있다.	
제1장 총칙	**1.3.5 구조물의 중요도** 　이 절은 극한한계상태와 극단상황한계상태에만 적용한다. 　발주자는 특정교량 또는 그 교량의 구조요소 및 접합부를 중요한 구조로 지정할 수 있다. $\sum \eta_i \gamma_i Q_i \leq R_r$ 　η_i = 하중수정계수 - 최대하중계수가 적용되는 하중의 경우 　$\eta_i = \eta_D \eta_R \eta_I \geq 0.95$　(1.3.2) - 최소하중계수가 적용되는 하중의 경우 　$\eta_i = \dfrac{1}{\eta_D \eta_R \eta_I} \leq 1.0$　(1.3.3) ● 극한한계상태 : 　$\eta_I \geq 1.05$: 중요 교량 　　= 1.00 : 일반 교량 　　≥ 0.95 : 상대적으로 중요도가 낮은 교량 ● 기타 한계상태 : 　$\eta_I = 1.00$	

구 분	설계기준	비 고

제1장
총칙
	1.4 교량의 등급
	   3.6.1.3에 규정된 설계 차량활하중 KL-510으로 설계하는 교량을 1등교로 한다.
	   2등교는 1등교 활하중효과의 75%를 적용하며, 3등교는 2등교 활하중효과의 75%를 적용한다.
	   교량의 등급은 원칙적으로 발주자가 정한다.	

제2장 설계 개요	**2.6 수문 및 수리** **2.6.1 일반사항** (…) 발주자는 임시 구조물의 예상사용기간과 이에 의한 홍수 위험을 고려하여 설계요구조건의 변경을 허가할 수 있다. (…)	
제2장 설계 개요	**2.6.3 수문분석** 발주자는 도로의 기능분류, 국가 및 지자체의 요구조건과 부지의 홍수위험에 기초하여 수문분석의 범위를 결정해야 한다.	
제3장 하중	**3.1 적용범위** 이 장은 교량의 설계에서 사용되는 하중들에 대한 최소한의 요구 조건, 적용한계, 하중계수 및 하중조합에 대해 규정한다. 또한 이 규정은 기존 교량의 구조적 안전성 평가에도 적용될 수 있다. 이 규정들은 하중에 대한 **최소 요구조건**이므로, 필요한 경우 발주자의 판단에 따라 이 기준 이상의 하중을 사용할 수 있다.	

제3장
하중
	3.4.3 가설시 하중에 대한 하중계수
	   구조물과 부속물의 중량에 대한 하중계수는 1.25이상의 값을 택해야 한다.
	   발주자에 의해 특별히 제시되지 않은 경우에는 시공하중, 설비하중 그리고 동적효과에 대한 하중계수는 1.5이상의 값을 택해야 한다. 풍하중에 대한 하중계수는 1.25이상의 값이어야 한다. 모든 다른 하중계수들은 1.0을 택한다.	

구 분	설계기준	비 고
제3장 하중	3.4.4 긴장력과 포스트텐션힘을 위한 하중계수 　발주자에 의해 정하지 않았다면, 사용하는 설계긴장력을 긴장위치에 가장 가까운 지점에 발생하는 고정하중에 의한 반력의 1.3배보다 작아서는 안 된다. 긴장작업 시 교통통제가 이루어지지 않은 경우에는 활하중계수를 곱한 활하중에 의한 반력을 포함하여야한다. 　포스트텐션의 정착부에 대한 설계력은 최대긴장력의 1.2배를 택한다.	
제3장 하중	3.21.2 교량 발주자의 책임 　교량 발주자는 교량의 중요도 등급, 해당교량에 대한 수로를 통행하는 선박의 밀도와 선박의 설계속도, 선박통과를 고려한 다리밑공간 확보를 위한 높이를 규정하거나 승인하여야 한다. 발주자는 방호시스템을 포함한 교량의 구성부재에 발생이 허용되는 손상의 정도를 규정하거나 승인해야 한다.	
제4장 구조해석	4.7.2.1 차량에 의한 진동 　교량과 활하중의 동적상호작용에 대한 해석이 필요한 경우, 해석 시 필요로 하는 노면조도, 차량의 속도 및 동적 특성은 발주자가 지정하거나 혹은 승인한 값을 사용한다. 충격은 정적 하중영향에 대한 극한 동적 하중영향의 비율로 산정한다.	

구 분	설계기준	비 고
제5장 콘크리트교	5.8.1.2 노출 환경과 한계 기준 (1) 교량과 그 부대 시설의 구성 요소는 표 5.8.1에 정해진 노출 환경으로 구분하여 설계하여야 한다. 부재에 발생하는 균열폭은 노출 환경 상태에 따라 정해진 한계 균열폭을 초과하지 않아야 한다. (2) 교량 구조물과 그 부재의 소요 사용 성능을 확보하기 위해서는 이 절에서 정한 노출 환경에 따른 응력과 균열폭 제한 규정을 시공 중인 임시 상황뿐만 아니라 운용중인 정상 상황에서 예측되는 적합한 하중조합에서 적용하여야 한다. (3) 부재 설계에 적용하는 영(0)응력과 균열폭 한계 기준은 표 5.8.2에 주어진 값으로 하여야 한다. 이 표에 주어진 영(0)응력 한계 기준과 균열폭 한계 기준을 동시에 만족시키도록 설계하여야 한다. 여기서 영(0)응력 상태란 인장측 연단 콘크리트가 압축 상태를 의미한다.	

표 5.8.1 노출 환경에 따라 요구되는 최소 설계 등급

노출 환경	최소 설계 등급			
	포스트 텐션	프리 텐션	비부착 프리스트레싱	철근콘크리트
건조 또는 영구적 수중 환경 (EC1)	D	D	E	E
부식성 환경 (습기 또는 물과 장기간 접촉 환경: EC2, EC3, EC4)	C	C	E	E
고부식성 환경 (염화물 또는 해수에 노출된 환경: ED1, ED2, ED3, ES1, ES2, ES3)	C	B	E	E

표 5.8.2 설계 등급에 따른 사용 한계값

설계 등급	한계상태 검증을 위한 하중조합		표면 한계균열폭(㎜)
	영(0)응력 한계상태	균열폭 한계상태	
A	사용하중조합-I	–	–
B	사용하중조합-III/IV	사용하중조합-I	0.2
C	사용하중조합-V	사용하중조합-III/IV	0.2
D	–	사용하중조합-III/IV	0.3
E	–	사용하중조합-V	0.3

구 분	설계기준	비 고
	5.10 내구성 및 피복두께 **5.10.1 일반 사항** (6) 5.10은 콘크리트 교량의 설계내구수명 표 5.10.2 확보를 위한 최소한의 요구조건이다. 그러나 가설 혹은 기념비적인 구조물, 극한 혹은 비정상적 하중을 받는 구조물의 경우는 5.10의 요구조건을 수정할 수 있다. 또한, 신뢰할 수 있는 특별한 방법으로 내구성을 검증할 수 있다면 5.10의 요구조건을 수정할 수도 있다.	

표 5.10.1 노출환경등급에 따른 최소 콘크리트강도(MPa)

노출환경 (표 5.8.2)	부식									
	탄산화에 의한 부식				염화물에 의한 부식			해수의 염화물에 의한 부식		
	EC1	EC2	EC3	EC4	ED1	ED2	ED3	ES1	ES2	ES3
최소 콘크리트 강도(MPa)	21	24	30		30		35	30		35

노출환경 (표 5.8.2)	콘크리트의 손상					
	위험없음	동결/융해 침투		화학적 침투		
	E0	EF1/EF2	EF3/EF4	EA1	EA2	EA3
최소 콘크리트 강도(MPa)	18	24	30	30		35

표 5.10.2 환경 조건에 따른 노출 등급

노출 등급	환경 조건	해당 노출 등급이 발생할 수 있는 사례
1. 부식이나 침투 위험 없음		
E0	• 철근이나 매입금속이 없는 콘크리트 : 동결/융해, 마모나 화학적 침투가 있는 곳을 제외한 모든 노출 • 철근이나 매입금속이 있는 콘크리트 : 매우 건조	• 공기 중 습도가 매우 낮은 건물 내부의 콘크리트
2. 탄산화에 의한 부식		
EC1	건조 또는 영구적으로 습윤한 상태	• 공기 중 습도가 낮은 건물의 내부 콘크리트 • 영구적 수중 콘크리트
EC2	습윤, 드물게 건조한 상태	• 장기간 물과 접촉한 콘크리트 표면 • 대다수의 기초
EC3	보통의 습도인 상태	• 공기 중 습도가 보통이거나 높은 건물의 내부 콘크리트 • 비를 맞지 않는 외부 콘크리트
EC4	주기적인 습윤과 건조 상태	• EC2 노출등급에 포함되지 않는 물과 접촉한 콘크리트 표면
3. 염화물에 의한 부식 4. 해수의 염화물에 의한 부식 5. 동결/융해 침식 6. 화학적 침투		

구 분	설계기준	비 고
	5.10.4 콘크리트 피복두께 5.10.4.2 최소피복두께 (3) 부착력을 안전하게 전달하고 충분한 다짐을 위하여 최소피복두께는 표 5.10.3에 주어진 $t_{c,\min,b}$ 값보다 더 큰 값을 사용하여야 한다. (4) 철근과 프리스트레싱 강재의 내구성을 고려한 최소피복두께 $t_{c,\min,dur}$ 는 환경노출등급에 따라 표 5.10.4에 제시되어 있다. (5) 염화물 또는 해수에 노출되는 고부식성 환경에 대한 추가적인 안전을 확보하기 위하여 최소피복두께를 $\Delta t_{c,dur,\gamma}$ 만큼 증가시켜야 한다. $\Delta t_{c,dur,\gamma}$ 는 아래 값을 적용하되, 실험 데이터와 신뢰할 수 있는 내구성 예측을 통해 타당한 근거를 제시할 경우 이보다 작은 값을 적용할 수 있다.	

표 5.10.3 부착에 대한 요구사항을 고려한 최소피복두께 $t_{c,\min,b}$

강재의 종류	최소피복두께[1] ($t_{c,\min,b}$)
일반	철근 지름
다발	등가 지름(5.11.7.1 참조)
포스트텐션부재	• 원형 덕트 경우 : 덕트의 지름 • 직사각형 덕트 경우 : 작은 치수 혹은 큰 치수의 1/2배 중 큰 값으로서 50 mm 이상인 값 단, 두 종류의 덕트에 대하여 피복두께가 80 mm 보다 큰 경우는 없음.
프리텐션부재	• 강연선 및 원형 강선 경우 : 지름의 2배 • 이형 강선 경우 : 지름의 3배

주 1 : 공칭 최대 골재 치수가 32 mm 보다 크다면 $t_{c,\min,b}$ 은 다짐을 위하여 5 mm 증가시켜야 한다.

표 5.10.4 철근 및 프리스트레싱 강재의 내구성을 고려한 최소피복두께, $t_{c,\min,dur}$ (mm)

강재 종류	노출등급						
	E0	EC1	EC2 / EC3	EC4	ED1 / ES1	ED2 / ES2	ED3 / ES3
철근	20	25	35	40	45	50	55
프리스트레싱 강재	20	35	45	50	55	60	65

구 분	설계기준	비 고
제6장 강교	6.14.2.3 콘크리트 부대시설 　발주자에 의해 다르게 명시되지 않았으면, 콘크리트 연석, 난간, 방호울타리, 분리대는 구조적으로 연속적으로 만들어져야 한다. 바닥판 설계시 부대시설의 구조적 역할은 6.14.3.1에 따라 고려한다.	
제6장 강교	6.14.6 콘크리트 바닥판 6.14.6.1 일반사항 (1) 최소 두께와 최소 피복두께 　발주자에 의해 승인되지 않은 한, 콘크리트 바닥판의 최소두께는 바닥판의 홈집, 마모면 그리고 보호덮개를 제외하고 220 mm보다 작아서는 안 된다. 프리스트레스트 콘크리트 바닥판의 최소두께는 200 mm 이상이어야 한다.	
제6장 강교	6.14.6.5 거더 위의 프리캐스트 바닥판 슬래브 (2) 횡방향으로 연결된 바닥판 　프리캐스트 패널들이 전단키에 의해 연결된, 휨에 불연속인 바닥판이 사용될 수 있다. 전단키와 전단키에 사용된 그라우트에 대한 설계는 발주자에 의해 승인해야 한다.	
제8장 내진 설계	8.4.2 해석방법 (1) … (2) 정밀한 해석을 요한다고 판단되는 교량에 대해서는 다중모드스펙트럼해석법 또는 발주자가 인정하는 검증된 정밀 해석법을 사용할 수 있다.	
제8장 내진 설계	8.9.7 해석방법 8.9.7.1 일반사항 (1) 이 항의 규정은 지진격리교량의 지진해석에 대한 규정이며 다음과 같은 네 가지 해석법 또는 발주자가 인정하는 검증된 정밀해석법을 사용할 수 있다. 　　　① 등가정적하중법 　　　② 단일모드스펙트럼해석법 　　　③ 다중모드스펙트럼해석법 　　　④ 시간이력해석법	

[표 부록 2] 발주처별 발주자 결정 항목 비교

구 분	○○고속도로 민자사업	지방국토 관리청	
		대전청	서울청

제1장
총칙
	1.3.5 구조물의 중요도 η_I
	• 하중수정계수(η_i) 적용
	  -연성계수(η_D) = 1.0
	  -여용성계수(η_R) = 1.0
	  -중요도계수(η_I) = 1.0
		• 하중수정계수(η_i) 적용
		  -연성계수(η_D) = 1.0
		  -여용성계수(η_R) = 1.0
		  -중요도계수(η_I) = 1.0
		• 국도, 국대도, 국지도교량 동일하게 적용
		• 중요도가 낮은 교량은 협의하여 하향조정
			• 하중수정계수(η_i) 적용
			  -연성계수(η_D) = 1.0
			  -여용성계수(η_R) = 1.0
			  -중요도계수(η_I) = 1.0

제2장 설계개요	1.4 교량의 등급 • 1등급교(KL-510) 적용	• 국도, 국대도, 국지도 교량은 1등교로 설계 (KL-510)하며, 특수조건 시 발주자 와 협의	• 1등급교(KL-510) 적용

제3장
하중
	3.4.2 하중계수와 하중조합
	• 온도구배 영향이 미미하여 구조적으로 무시하며,
	  γ_{TG} : 도로교 설계기준 제시값
	  ■ 극한한계상태와 극단상황한계상태 조합 -0.0 (고려하지 않음)
	  ■ 활하중이 고려되지 않는 사용한계상태조합 - 1.0
	  ■ 활하중이 고려되는 사용한계상태조합 -0.5
	  γ_{SD} : 1.0
		• 온도구배 영향이 미미하여 구조적으로 무시하며,
		  γ_{TG} : 도로교 설계기준 제시값
		  ■ 극한한계상태와 극단상황한계상태 조합 -0.0 (고려하지 않음)
		  ■ 활하중이 고려되지 않는 사용한계상태조합 - 1.0
		  ■ 활하중이 고려되는 사용한계상태조합 -0.5
		  γ_{SD} : 1.0
			• 온도경사
			  - 구조적으로 무시
			  - γ_{TG} = 0.0
			• 지점침하
			  - 침하량 = 10.0mm
			  (도로설계요령 P.238)
			  - γ_{SD} = 1.0

제3장 하중	3.4.2 하중계수와 하중조합 • 극단상황한계상태조합 I 에서의 활하중계수(γ_{EQ}) : 0.5	• 지진시 조합의 활하중 계수는 γ_{EQ}=0 과 γ_{EQ}=0.5 중 불리한 결과를 주는 값 적용	• 극단상황한계상태조합 (활하중계수) (γ_{EQ}) = 0

공 사		비 고
한국 도로공사	한국 토지공사	

• 하중수정계수(η_i) 적용
  -연성계수(η_D) = 1.0
  -여용성계수(η_R) = 1.0
  -중요도계수(η_I) = 1.0
	• 하중수정계수의 중요도계수는 교량전체에 대해 다음과 같이 적용 (η_I)
	  -고속도로 1.05
	  -일반교량 1.0
	  -도심지교량 0.95
	• 하중수정계수의 연성(η_D), 및 여용성계수 (η_R)는 일반적인 거더교 형식의 도심지 교량에 대하여 각각 1.0을 적용
		• 육교의 경우
		  지자체협의가 필요한 사항으로 기본적으로 본선과 동일기준 적용

• 1등급교(KL-510) 적용	• 1등급교(KL-510) 적용	• 육교의 경우 지자체협의가 필요한 사항으로 기본적으로 본선과 동일기준 적용
• 온도구배 영향이 미미하여 구조적으로 무시하며, 침하는 10mm를 적용하고, γ_{TG} 및 γ_{SD} 는 1.0을 적용	• 온도구배에 대한 하중계수(γ_{TG}) 및 침하에 대한 하중계수(γ_{SD}) 는 설계기준에 제시된 최소값 적용	
• γ_{EQ}는 일반적인 교량의 설계에 있어서는 0을 적용 (캘리포니아 도로국 준용)	• 지진시 조합의 활하중 계수는 γ_{EQ}=0 과 γ_{EQ}=0.5 중 불리한 결과를 주는 값 적용하되 활하중 관성은 고려하지 않음.	• AASHTO LRFD BDS에서는 γ_{EQ} 값으로 0.5가 적절한 것으로 추천

부록

구 분	○○고속도로 민자사업	지방국토 관리청	
		대전청	서울청
제3장 하중	3.4.3 가설시 하중에 대한 하중계수 구조물과 부속물의 중량에 대한 하중계수는 1.25이상의 값을 택해야 한다. **발주자에 의해 특별히 제시되지 않은 경우** - 시공하중, 설비하중 그리고 동적효과에 대한 하중계수는 1.5이상 - 풍하중에 대한 하중계수는 1.25이상 - 모든 다른 하중계수들은 1.0	• 도로교 설계기준에 제시된 값 적용	• 도로교 설계기준에 제시된 최소값 적용
제5장 콘크리트교	5.8.1.2 노출 환경과 한계 기준 中 • 노출환경에 따른 최소설계 등급중 고부식성 환경에 대해서는 최소 설계등급을 다음과 같이 조정 - 포스트 텐션 : C → B - 비부착 프리스트레싱 : E → D - 철근콘크리트 : E → D	• 도로교 설계기준 및 국내적용현황 (도로공사)참조하여 적용 ※ 고부식성 환경 포스트텐션부재의 최소설계등급은 C등급을 적용하되 과업에 따라 상향 적용할 수 있다.	• 도로교 설계기준에 제시된 값 적용 (도로교 설계기준과 동일함.)
제5장 콘크리트교	5.10.4 콘크리트 피복두께 1. 최소피복 ① $(t_{c,\min,dur})$ = 적용 ② $(\Delta t_{c,dur})$ = 적용 ③ 피복감소 = **적용** 콘크리트 강도상향 콘크리트 품질관리(거더, 바닥판) 슬래브철근(바닥판, 기초, 거더) 2. 설계편차의 허용량($\Delta t_{c,dev}$) ① 제품의 품질보증 할 수 있는 경우 5mm 바닥판, 거더에 한정하여 적용	5.10.4 콘크리트 피복두께 1. 최소피복 ① $(t_{c,\min,dur})$ = 적용 ② $(\Delta t_{c,dur})$ = 적용 ③ 피복감소 = **적용** 콘크리트 강도상향 콘크리트 품질관리(전체) 슬래브철근(전체) 2. 설계편차의 허용량($\Delta t_{c,dev}$) ① 5mm 적용-(전체) ※ 설계편차 허용량 $\Delta t_{c,dev}$는 현장의 정밀시공 관리가 가능할 것으로 판단 5mm를 적용하였음.	• 서울청 기준 미제시

공 사		비 고
한국 도로공사	한국 토지공사	
• 도로교 설계기준에 제시된 값 적용	• 시방서에 제시된 값들 중 최소값 적용	
• 도로교 설계기준 및 도로공사 방침 적용. (도로교 설계기준과 동일함.)	• 도심지 교량의 노출환경에 따른 최소 설계 등급중 **고부식성** 환경에 대해서는 최소 설계등급을 다음과 같이 조정 - 포스트 텐션 : C → B - 비부착 프리스트레싱 : E → D - 철근콘크리트 : E → D	• EN1992-2에서는 "지속하중 조합 (Quasi-permanent load combination)"이나 빈번한 하중조합(Frequent load combination)"을 이용하여 균열폭과 영(0)응력 한계 상태 검토 요구.
5.10.4 콘크리트 피복두께 1. 최소피복 ① $(t_{c,min,dur})$ = 적용 ② $(\Delta t_{c,dur})$ = 적용 ③ 피복감소 = 적용 2. 설계편차의 허용량 $(\Delta t_{c,dev})$ ① 제품의 품질보증 할 수 있는 경우 5mm(전체)	5.10.4 콘크리트 피복두께 1. 최소피복 ① $(t_{c,min,dur})$ = 적용 ② $(\Delta t_{c,dur})$ = 적용 ③ 피복감소 = 미적용 2. 설계편차의 허용량 $(\Delta t_{c,dev})$ 표준편차 미적용	• 콘크리트 품질관리 및 슬래브철근에 대한 피복감소 규정은 일반적인 관리 및 검측 외에 추가적인 조치가 필요한 것으로 판단되며, 비교적 품질관리가 양호한 거더 및 바닥판에만 적용하였음.

구 분	○○고속도로 민자사업	지방국토 관리청	
		대전청	서울청
제5장 콘크리트교	5.10 내구성 및 피복두께 • 바닥판 적용사항 -콘크리트계 : ED1/EC3 (30) -아스콘 : ED3 (35) • 교대 -구체 : ED3 / EC4 (35) -기초 : EC2 (24) • 교각 -코핑부 : ED3 / EC4 (35) -기 둥 : ED3 / EC4 (35) -기 초 : EC2 (24)	• 바닥판 적용사항 -콘크리트계 : ED1/EC3 (30) -아스콘 : ED3 (35) • 교대 -구체 : ED3 / EC4 (35) -기초 : EC2 (24) • 교각 -코핑부 : ED3 / EC4 (35) -기 둥 : ED3 / EC4 (35) -기 초 : EC2 (24)	• 서울청 기준 미제시
제5장 콘크리트교	5.10 내구성 및 피복두께 中 적용강도 	구 분		f_{ck}	f_y	 |---|---|---|---|
상부	바닥판(con'c)	35 Mpa	400 Mpa
	바닥판(아스콘)	35 Mpa	400 Mpa
	거 더	공법별적용	공법별적용
교대	구 체	35 Mpa	400 Mpa
	기 초	27 Mpa	400 Mpa
교각	코 핑	40 Mpa	400 Mpa(전단) 500 MPa(휨)
	기 둥	40 Mpa	500 Mpa
	기 초	27 Mpa	500 Mpa		• 대전청 적용기준 (안) 적용강도 | 구 분 || f_{ck}	f_y | |---|---|---|---|
상부	바닥판(con'c)	35 Mpa	400 Mpa
	바닥판(아스콘)	35 Mpa	400 Mpa
	거 더	공법별적용	공법별적용
교대	구 체	35 Mpa	400 Mpa
	기 초	27 Mpa	400 Mpa
교각	코 핑	35 Mpa	400 Mpa
	기 둥	35 Mpa	400 Mpa
	기 초	27 Mpa	400 Mpa	 ※ 국도설계실무요령 2016년 기준을 준용하여 적용하였음. ※ 시공시 품질관리 및 자재수급을 고려하여 최소 기준강도 이상을 적용하였으나, 구조물 슬림화, 내구성 향상을 목적으로 콘크리트 강도를 상향 조정할 경우 품질확보 방안을 제시 후 적용할 수 있다.	• 서울청 기준 미제시

공사		비 고
한국 도로공사	한국 토지공사	
• 바닥판 적용사항 -콘크리트계 : ED1/EC3 (30) -아스콘 : ED3 (35) • 교대 -구체 : ED3 / EC4 (35) -기초 : EC2 (24) • 교각 -코핑부 : ED3 / EC4 (35) -기 둥 : ED3 / EC4 (35) -기 초 : EC2 (24)	• 바닥판 적용사항 -콘크리트계 : ED1/EC3 (30) -아스콘 : ED2 / EC4 (30) • 교대 -구체 : ED3 / EC4 (35) -기초 : EC2 (24) • 교각 -코핑부 : ED3 / EC4 (35) -기 둥 : ED3 / EC4 (35) -기 초 : EC2 (24) ※ 차도로부터 수평 혹은 수직으로 6m이내 부위 <u>ED3/ EC4 적용 가능</u>	
• 한국도로공사 적용강도 	구 분		f_{ck}	f_y	 |---|---|---|---|
상부	바닥판(con'c)	35 Mpa	500 Mpa
	바닥판(아스콘)	35 Mpa	500 Mpa
	거 더	공법별적용	공법별적용
교대	구 체	35 Mpa	400 Mpa
	기 초	27 Mpa	400 Mpa
교각	코 핑	40 Mpa	400 Mpa
	기 둥	40 Mpa	500 Mpa
	기 초	27 Mpa	500 Mpa | ※ 도로공사 교각 슬림화 방침 및 교량바닥판 적용방안에 의한 강도 상향 조정	• 한국토지공사 기준 미제시	• 고강도 콘크리트 (40MPa) 교각 설계적용 검토, 설계처 -5922 (2009.11.30) • 교량 슬림화 및 최적화를 위한 교각 설계 개선방안 검토 -1459 (2011.6.22.)

2. 아치형의 강박스 내부에 콘크리트를 타설하여 합성시킨 구조(Steel Box Girder with Arch Concrete)의 설계

> 아치형의 강박스 내부에 콘크리트를 타설하여 합성시킨 구조(Steel Box Girder with Arch Concrete)의 개념 및 특징에 대하여 설명하시오. (97회 1-6)

1) 개념

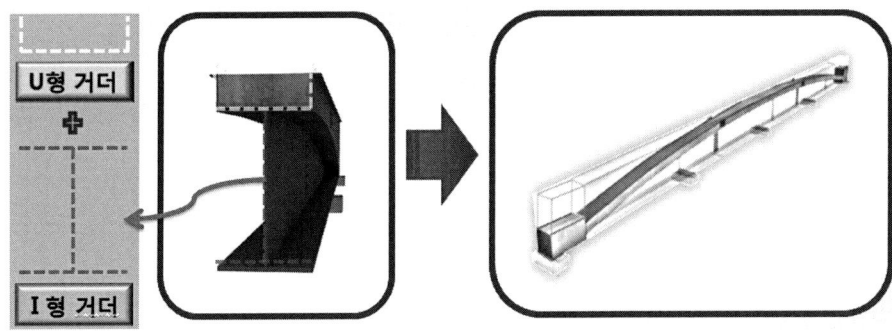

〈SBarch 합성거더의 개념도〉

일반적으로 I형 거더는 단면적대비 휨강성이 커 거더교의 단면형태로 많이 사용되나, 비틀림에 취약한 구조로 강교에서는 박스형 단면이 많이 적용되어 왔다. SBarch 합성거더는 I형거더 상단부에 종방향으로 아치형상으로 형고가 변하는 U형단면을 합성하여, 휨모멘트가 지배적인 지간 중앙부에서는 I형단면을 비틀림이 집중되는 양단부에서는 박스형 단면을 취하여 위치별 단면효율성을 높인 형식의 거더이며, U형단면 내부에 콘크리트를 충전하여, 압축부 종방향 보강재를 생략하므로서 강재량을 혁신적으로 줄일 수 있다. 또한 아치형상으로 충진된 콘크리트는 하부플랜지와 함께 타이드 아치를 형성하여 내하력을 증진시키는 효과가 있으며, 교량의 감쇠성능을 증진시켜 진동사용성도 우수하다.

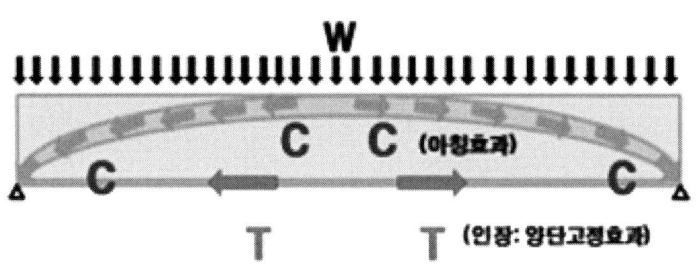

〈아치에 의한 내하력 증진 효과〉

2) 특징

① 측면 아치형상으로 미관성 우수
② 위치별 효율적 단면사용과 압축부 콘크리트 충전으로 인한 보강재 절감에 따른 강재량 절감으로 경제성 우수
③ 콘크리트 충전에 의한 감쇠비 증가로 진동 및 소음 사용성 우수
④ 아치강성에 의한 추가적인 내하력 증진으로 교량수명 연장

휨부재로 사용되는 동일 단면2차모멘트(조합형 단면은 중간플랜지가 있어 다소 큰 값이지만 중립축에 위치해 그 영향이 작으므로 고려하지 않은 것으로 가정한다.)를 갖는 다음의 3가지 단면에 1,000kN의 전단력이 작용했을 때 1) 각 단면의 최대전단응력을 계산하고 2) 평균전단응력과 유효전단면적에 대해 설명하시오.

(89회 1-8 응용문제)

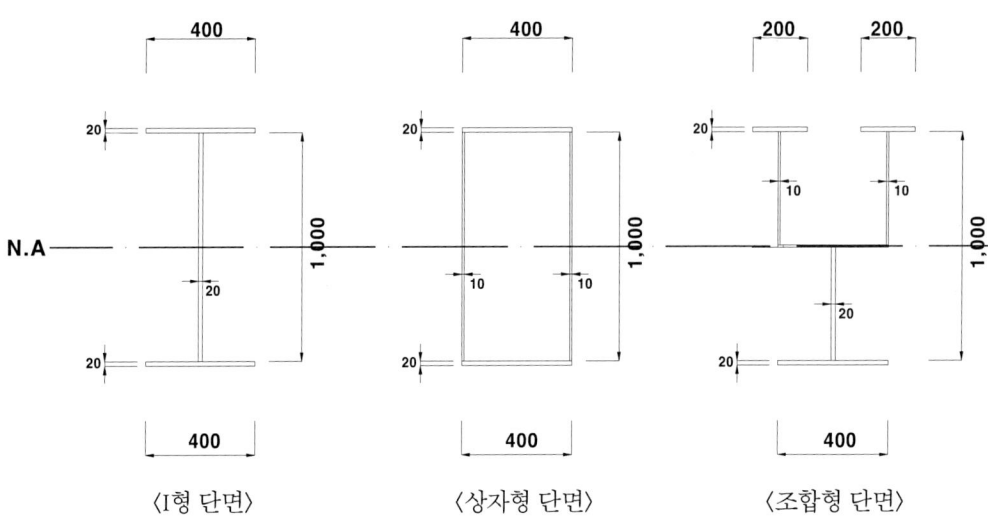

⟨I형 단면⟩　　　⟨상자형 단면⟩　　　⟨조합형 단면⟩

1) 최대응력

① I형 거더

$$I = \frac{20 \times 1000^3}{12} + 2\left\{\frac{400 \times 20^3}{12} + 400 \times 20 \times 510^2\right\} = 1,666,666,667 + 4,162,133,333$$

$$= 5,828,800,000 mm^4$$

$$Q_1 = 400 \times 20 \times 510 = 4,080,000 mm^3$$

$$\tau_1 = \frac{VQ_1}{It} = \frac{1000 \times 10^3 \times 4,080,000}{5,828,800,000 \times 20} = 35 MPa$$

$$Q_2 = Q_1 + 500 \times 20 \times 250 = 2,500,000 mm^3$$

$$\tau_2 = \tau_1 + \frac{VQ_2}{It} = 35 + \frac{1,000 \times 10^3 \times 2,500,000}{5,828,800,000 \times 20} = 35 + 21.45 = 56.45 MPa$$

② 상자형 단면 및 조합형 단면

위 세 단면의 동일 위상에서 Q값 및 t 값은 동일하므로 상자형 단면 및 조합형 단면에서 최대 응력은 동일하다.

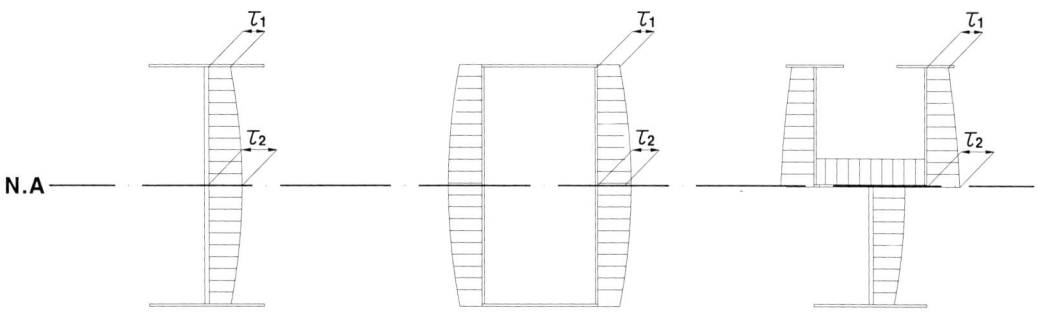

〈단면별 복부 전단응력도〉

2) 평균전단응력 및 유효단면적

$A_e = A_{web} = 20 \times 1,000 = 20,000 mm^2$

$\tau_{avg} = \dfrac{V}{A_e} = \dfrac{1000 \times 10^3}{20,000} = 50 MPa$

문제 1)에서 보는 바와 같이 전단력이 작용할 때 단면의 전단응력 분포는 중립축에 가까워 질수록 커지게 되며 중립축에서 최대가 된다. 결과적으로 위치에 따라 부등분포를 가지게 되며 평균응력을 사용할 경우 발생응력을 과소 평소평가 하게 된다. 이를 고려하여 설계에서는 유효전단 면적을 사용하게 되며, 플레이 거더의 경우 $A_e = A_{web}$을 적용하게 된다. 이렇게 계산할 경우 문헌에 의하면 $\tau_{\max}$와 ± 10%정도의 오차범위를 갖게 된다.

> 다음 플레이트 거더교 정모멘트부의 합성단면이 다음과 같을 때 소성모멘트를 계산하시오.
> (104회 3-4 응용문제)

다음 플레이트 거더교 정모멘트부의 합성단면이 다음과 같을 때 소성모멘트를 계산하시오 (단, 상부플랜지, 하부플랜지 및 복부판의 항복강도 $f_y=$ 380MP, 배근된 종방향 철근은 H16(A_r=198.6mm²)이고 피복두께는 50mm, 철근간격은 200mm, 철근의 항복강도 $f_{yr}=$ 400 MP, 산정된 슬래브의 유효폭은 5,000mm, 슬래브 콘크리트의 설계기준 압축강도는 30MP, 중앙부 충전콘크리트 설계기준 압축강도는 40MP이다. 소성모멘트 계산시 헌치부 단면적은 무시하며, 그림의 치수 단위는 mm이다.)

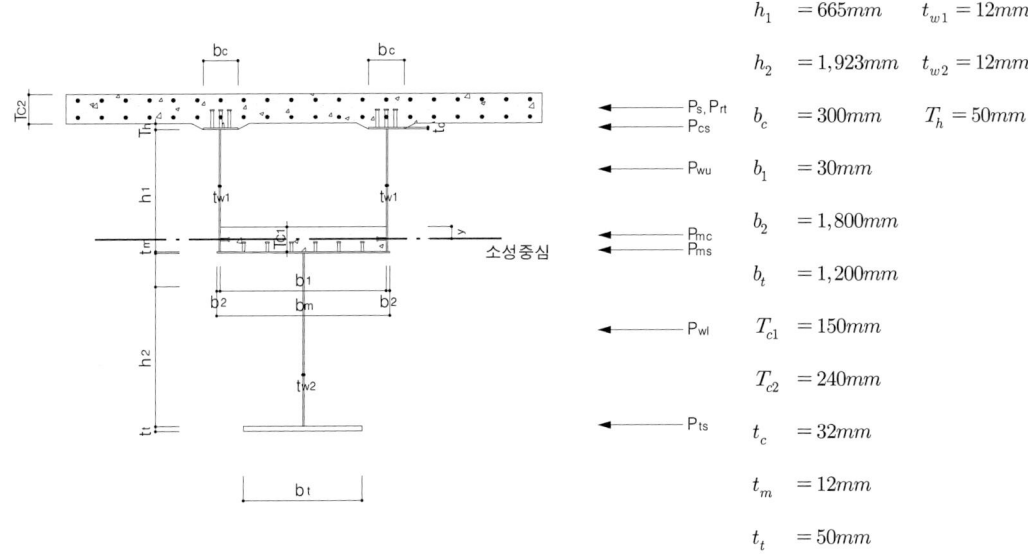

1) 단면위치별 축력계산

$P_{rt} = F_{yr} \times A_r = 400 \times 25 \times 2 \times 198.6 = 3,972,000 N$ (철근작용력)

$P_s = 0.85 f_{ck} b_s T_{c2} = 0.85 \times 30 \times 5,000 \times 240 = 30,600,000 N$ (슬래브작용력)

$P_{cs} = F_y b_c t_c = 380 \times 300 \times 2 \times 32 = 7,296,000 N$(압축플랜지작용력)

$P_{ms} = F_y b_m t_m = 380 \times 1,860 \times 12 = 8,481,600 N$(중간플랜지작용력)

$P_{ts} = F_y b_t t_t = 380 \times 1,200 \times 50 = 22,800,000 N$(인장플랜지작용력)

$P_{wu} = F_y (h_1 - T_{c1}) t_{w1} = 380 \times (665 - 150) \times 12 \times 2 = 4,696,800 N$(상단복부작용력)

$P_{mc} = 0.85 f_{ck} b_2 T_{c1} + F_y T_{c1} t_{w1} = 0.85 \times 40 \times 1,800 \times 150 + 380 \times 150 \times 12 \times 2$
$\quad = 10,548,000 N$(충전부작용력)

$P_{wl} = F_y h_2 t_{w2} = 380 \times 1,923 \times 12 = 8,768,880 N$(하단복부작용력)

2) 중립축 위치 계산

① 소성중립축이 상단복부에 위치하는 것으로 가정

$P_{rt} + P_s + P_{cs} + P_{wu} \geq P_{ts} + P_{wl} + P_{ms} + P_{mc}$

$P_{rt} + P_s + P_{cs} + P_{wu} = 3,972,000 + 30,600,000 + 7,296,000 + 4,696,800 = 46,564,800 N$

$\leq P_{ts} + P_{wl} + P_{ms} + P_{mc} = 22,800,000 + 8,768,880 + 8,481,600 + 10,548,000$

$= 50,598,480 N =>$ 가정 위배

② 소성중립축이 충전부에 위치하는 것으로 가정

$P_{rt} + P_s + P_{cs} + P_{wu} + P_{mc} \geq P_{ts} + P_{wl} + P_{ms}$

$P_{rt} + P_s + P_{cs} + P_{wu} + P_{mc} = 3,972,000 + 30,600,000 + 7,296,000 + 4,696,800$

$10,548,000 = 57,112,800 N$

$\geq P_{ts} + P_{wl} + P_{ms} = 22,800,000 + 8,768,880 + 8,481,600 = 40,050,480 N =>$ 가정 만족

$P_{rt} + P_s + P_{cs} + P_{wu} + P_{mc}(y/T_{c1}) = P_{ts} + P_{wl} + P_{ms} + P_{mc}(1 - y/T_{c1})$

$P_{mc}(2y/T_{c1} - 1) = P_{ts} + P_{ml} + P_{ms} - P_{rt} - P_s - P_{cs} - P_{wu}$

$y = \frac{T_{c1}}{2} \left(\frac{P_{ts} + P_{wl} + P_{ms} - P_{rt} - P_s - P_{cs} - P_{wu}}{P_{mc}} + 1 \right)$

$= \frac{150}{2} \left(\frac{22,800,000 + 8,768,880 + 8,481,600 - 3,972,000 - 30,600,000 - 7,296,000 - 4,696,800}{10,548,000} + 1 \right)$

$= 28.68 m$

3) 소성모멘트 계산

$$M_p = P_{rt}(d_r) + P_s(d_s) + P_{cs}(d_{cs}) + P_{wu}(d_{wu}) + P_{mc}(y/T_{c1})(y/2) + P_{mc}(1-y/T_{c1})^2/2$$
$$+ P_{ms}(d_{ms}) + P_{wl}(d_{wl}) + P_{ts}(d_{ts})$$

$$\begin{aligned}M_p &= 3,972,000(120+50+515+28.68) + 30,600,000(120+50+515+28.68) \\ &+ 7,296,000(16+515+28.68) + 4,696,800(257.5+28.68) \\ &+ 10,548,000 \times \frac{1}{2 \times 250}(28.68^2 + (150-28.68)^2) + 8,481,600((150-28.68)+6) \\ &+ 8,768,880((150-28.68)+12+961.5) + 22,800,000(25+1,923+(150-28.68)) \\ &= 88,289 \, kN.m\end{aligned}$$

<저자약력>

- 1997년 연세대학교 토목공학과 졸업
- 2002년 연세대학교 토목공학과 대학원 졸업
- 2002년~2003년 수성엔지니어링 근무
- 2003년~2009년 진우엔지니어링 근무
- 2010년~2017년 서영엔지니어링 근무(현재 재직 중)
- 2014년~2016년 교량형식 및 요소별 한계상태설계법 적용
  비교설계예제집(한국도로교통연구원) 집필 참여
- 2016년 마이다스아이티 한계상태설계법 기술강습회 강연
- 2016년 교량 및 구조공학회 한계상태설계법 기술강습회 강연
- 2016년 토목구조기술사 취득
- 2018년 현)에스비엔지니어링(주) 기술연구소장

한계상태설계법
토목구조실무 Q&A

초판 1쇄 발행 | 2017년 7월 5일
2판 2쇄 발행 | 2018년 5월 25일

지은이 | 정 준

펴낸이 | 황희재
펴낸곳 | 도서출판 반석기술

주 소 | 서울시 영등포구 신풍로 77길
전 화 | 02-831-1224
팩 스 | 02-831-1226

ISBN 978-89-92312-34-9 93530

ⓒ 2018, 정 준

- 파손 및 잘못 만들어진 책은 교환해 드립니다.
- 이 책의 무단 전재와 불법 복제를 금합니다.
- 이 도서의 국립중앙도서관 출판예정도서목록(CIP)은 서지정보유통지원시스템 홈페이지(http://seoji.nl.go.kr)와
  국가자료공동목록시스템(http://www.nl.go.kr/kolisnet)에서 이용하실 수 있습니다.(CIP제어번호: CIP2017015538)